U0337465

C#程序设计

（项目教学版）

主　编　杨　玥
副主编　张　岩　田　丹　孔德尉　吴　瑕

北京理工大学出版社
BEIJING INSTITUTE OF TECHNOLOGY PRESS

内 容 简 介

为了激发读者的学习兴趣，让读者快速掌握使用C#语言开发Windows程序的技术，本书以学生成绩管理系统的开发过程为线索，从Windows程序开发的角度出发逐步展开，以项目为驱动，使学生带着项目开发任务进入学习，在做项目的过程中逐渐掌握完成任务所需的知识和技能，一步一步地解决问题，完成项目。

本书是CDIO项目驱动型规划教材，以任务为中心，以职业岗位能力为目标，按照企业网站开发的基本流程组织教材内容，通过精心构造的项目，从需求分析、系统设计、系统开发、系统测试到系统部署，循序渐进地向读者展现知识结构，让读者在做项目的过程中轻松掌握C#程序开发技术。

本书概念清晰、通俗易懂，可以作为高等院校C#程序设计、Windows程序设计（C#版）等课程的教材，也可以作为Windows程序开发人员的参考书。

图书在版编目（CIP）数据

C#程序设计：项目教学版/杨玥主编. —北京：北京理工大学出版社，2018.1
ISBN 978-7-5682-5124-2

Ⅰ.①C…　Ⅱ.①杨…　Ⅲ.①C语言-程序设计-高等学校-教材　Ⅳ.①TP312

中国版本图书馆CIP数据核字（2017）第331459号

出版发行／北京理工大学出版社有限责任公司
社　　址／北京市海淀区中关村南大街5号
邮　　编／100081
电　　话／（010）68914775（总编室）
　　　　　（010）82562903（教材售后服务热线）
　　　　　（010）68948351（其他图书服务热线）
网　　址／http://www.bitpress.com.cn
经　　销／全国各地新华书店
印　　刷／三河市天利华印刷装订有限公司
开　　本／787毫米×1092毫米　1/16
印　　张／14
字　　数／330千字
版　　次／2018年1月第1版　2018年1月第1次印刷
定　　价／57.00元

责任编辑／王玲玲
文案编辑／王玲玲
责任校对／周瑞红
责任印制／施胜娟

图书出现印装质量问题，请拨打售后服务热线，本社负责调换

前　　言

C#是微软公司发布的一种面向对象的、运行于.NET Framework 之上的高级程序设计语言，是一种安全的、稳定的、简单的、优雅的，由 C 和 C++衍生出来的面向对象的编程语言。它在继承 C 和 C++强大功能的同时，删除了一些它们的复杂特性，使程序员可以快速地编写各种基于 Microsoft.NET 平台的应用程序。

本书共分为项目导入、8 个子项目和项目总结三大块。8 个子项目分别为学生成绩管理系统需求分析、学生成绩管理系统数据库设计、学生成绩管理系统主菜单设计、学生成绩管理系统中类的应用、学生成绩管理系统数据访问方法、学生成绩管理系统窗体和事件应用、学生成绩管理系统软件测试和学生成绩管理系统应用部署，这些子项目从整体上形成了学生成绩管理系统的开发过程。

本书以 Visual Studio 2010 和 SQL Server 2008 为开发平台，使用 C#开发语言，提供大量源于作者多年教学积累和项目开发经验的实例。在学习本书中的项目前，读者需要掌握 C 语言程序设计、数据库程序设计和软件工程等知识。

本书概念清晰、逻辑性强、循序渐进、语言通俗易懂，适合作为高等学校计算机相关专业的 C#程序设计、Windows 程序设计（C#版）等课程的教材，也适合对 Windows 应用程序进行开发的初级、中级人员学习参考。

由于本书涉及的范围比较广泛，加之项目教学在我国又是新生事物，开展的时间还不长，书中不足之处在所难免，敬请读者批评指正。

前 言

目　　录

学生成绩管理系统项目导入

随着社会信息量的与日俱增,学校需要有一个很好的学生成绩管理系统,以方便对学生的成绩进行有效的管理。系统应具有既方便教师对学生成绩的查询和插入,也方便学生对自己的成绩和获得的学分进行查询的功能。

本案例设计实现的"学生成绩管理系统",具有数据操作方便、高效、迅速等优点。该软件采用功能强大的数据库软件开发工具进行开发,具有很好的可移植性。同时,可通过访问权限控制及数据备份功能,确保数据的安全性。使用该系统既能把管理人员从烦琐的数据计算中解脱出来,使其有更多的精力从事教务管理政策的研究实施、教学计划的制定与执行,以及教学质量的监督检查,从而全面提高教学质量,同时也能减轻任课教师的负担,使其有更多的精力投入教学和科研中。其最重要的功能是能够便于学校的管理。

因此,采用 C#程序开发学生成绩管理系统,将 C#程序中的所有概念和技术应用到学生成绩管理系统的开发当中,按照软件工程的思想进行网站开发,分别完成学生成绩管理系统需求分析、学生成绩管理系统数据库设计、学生成绩管理系统主菜单设计、学生成绩管理系统中类的应用、学生成绩管理系统数据访问方法、学生成绩管理系统窗体和事件应用、学生成绩管理系统软件测试和学生成绩管理系统应用部署等几个子项目。

首先对学生成绩管理系统进行需求分析。

子项目1

学生成绩管理系统需求分析

1.1 项目任务

在本子项目中要完成以下任务：

1. 学生成绩管理系统的需求分析
2. 学生成绩管理系统的功能需求
3. 学生成绩管理系统的功能模块设计

具体任务指标如下：

设计学生成绩管理系统的功能模块图和功能模块内容

1.2 项目的提出

目前，我国的大中专院校的学生成绩管理水平普遍不高。在当今的信息时代，传统的管理方法必然要被以计算机为基础的信息管理系统所代替，并且目前很多重点院校都已经有了自己的教务管理系统。已有的大都比较偏向学生档案管理、学籍管理等，而本项目则把重点放在成绩管理上，从整体上进行分析设计，这对于其他类似的管理系统的设计有很大的参考意义。

1.3 项目实施

1.3.1 任务1：学生成绩管理系统的需求分析

针对目前各大高校对学生成绩管理方面存在的问题和管理的实际需要，将理顺管理体制和建立各种管理规范、开发信息系统有机地结合起来，通过几个功能模块进行统一管理，要求管理系统满足以下几个方面的要求。

①从用户角度来看，系统首先应该能够提供便捷与强大的信息查询功能。对于学校的全体教师而言，他们应该能够对系统的不同部分有各自不同的权限。例如，任课教师可以录入成绩，但数据一旦保存，任课教师就不能再具有修改成绩的权限；对于其他教师而言，应该具有查询所有科目及所有学生成绩的权限等。对于学生而言，系统应该提供学生能够查询自己成绩的功能。从教务管理者角度来看，系统必须能够实现即时查询功能，记录学生的成绩，实现对

成绩的各种操作等功能。

②具有较强的灵活性及可扩展性,能够存储一定数量的学生信息,并方便有效地进行相应的数据操作和管理,这主要包括:学生信息的录入、删除及修改,课程信息的录入、删除和修改,班级信息的录入、删除和修改,教师信息的录入、删除和修改,专业信息的录入、删除和修改,各种信息的单条件查询和多条件的组合查询,以及学生各科成绩的多关键字检索查询。

③具有较高的安全性,系统登录有各自的安全账户。系统管理员可添加用户信息,更改用户信息和删除用户信息,同时可以对其他信息具有所有的权限;任课教师可以录入信息;学生对所有的信息只能具有查询的功能,不具有修改、删除和录入的权限。系统能够提供数据信息授权访问、防止随意删改等功能。

总之,希望通过本系统的开发,可以解决学生成绩管理、课程信息管理、学生基本信息管理、教师基本信息管理等功能,还可以进行班级信息的管理,同时能够实现系统管理,主要是针对登录用户的添加、删除、修改和查询功能,使学校对学生的成绩管理自动化和规范化。

1.3.2 任务2:学生成绩管理系统的功能需求

开发本系统的功能需求如下:学生成绩管理系统必须能够完成系统管理、成绩信息管理、课程信息管理、班级信息管理、学生基本信息管理、成绩的查询管理、专业信息管理和教师信息管理。

1. 系统管理

本模块主要是维护系统的正常运行和安全性设置,包括当登录用户身份时管理员能够完成添加用户、删除用户、修改密码、查询用户的权限和重新登录等功能,以及能够实现按照学生的学号、姓名、所在班级代码或者性别,进行单条件或者组合条件的查询。

2. 专业基本信息管理

本模块能够实现有关专业基本信息的录入、修改、查询和删除,同时能够实现按照专业代码或者专业名称进行单条件或者组合条件的查询。

3. 教师基本信息管理

本模块能够实现有关教师基本信息的录入、修改、查询和删除,同时能够实现按照教师编号、姓名或者性别进行单条件或者组合条件的查询。

4. 班级基本信息管理

本模块能够实现有关班级基本信息的录入、修改、查询和删除,同时能够实现按照班级号进行单条件的查询。

5. 学生基本信息管理

本模块能够实现有关学生基本信息的录入、修改、查询和删除,同时能够实现按照学生学号或姓名进行单条件或者组合条件的查询。

6. 成绩基本信息管理

本模块能够实现有关成绩基本信息的录入、修改、查询和删除,同时能够实现按照课程代码或者学生学号进行单条件或者组合条件的查询。

1.3.3 任务3:学生成绩管理系统的功能模块设计

按照用户需求分析和功能需求分析之后,可将"学生成绩管理系统"设计成以下的层次结构,如图 1.1 所示。

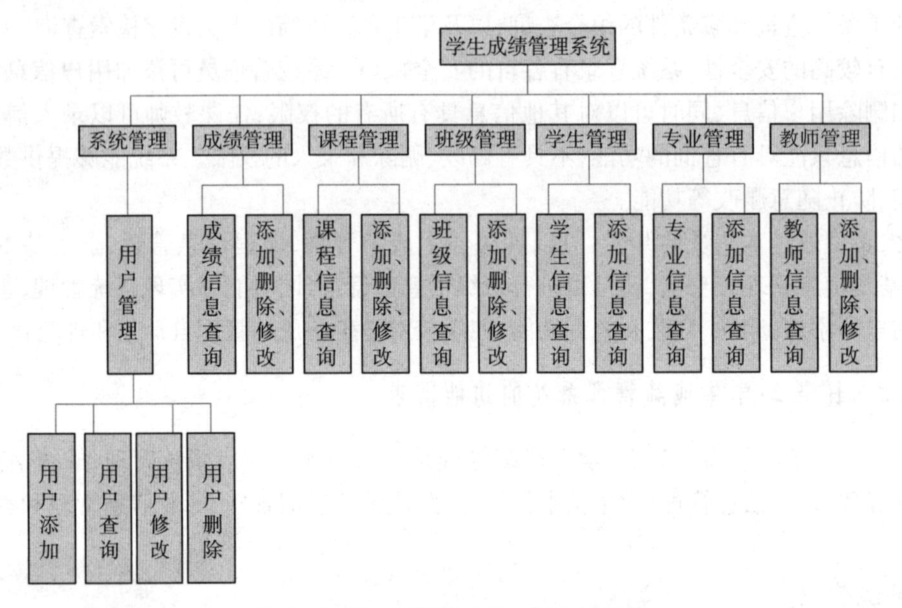

图 1.1 学生成绩管理系统层次结构图

对图 1.1 中所示的系统功能解释如下。

系统管理:有系统管理员身份的用户可以登录,负责用户的管理。用户分为三大类:一类为系统管理员,可添加、修改、删除和查询各类用户;另一类是任课教师,可以修改自己的登录信息;最后一类是学生,只能修改自己的用户信息,不具有添加、删除和修改的操作权限。

成绩管理:主要包括学生成绩的输入,也可以对其成绩进行修改、添加和删除操作,同时能够实现按照学生的学号或者课程编号进行单条件或组合条件的查询,并且要能够实现当用户以学生身份登录时,只能查询自己所学课程的成绩,不具有添加、删除和修改的权限;当用户以任课教师身份登录时,可以录入学生的成绩和查询所有学生的成绩,但是不具有修改和删除学生成绩的权限。

课程管理:专门对各系及各班的课程信息进行添加、删除和修改,同时能够实现按照课程编号、课程类型或者学分进行单条件或者组合条件的查询,并且当登录用户身份是学生或者是任课教师时,只能进行查询课程信息的操作。

班级管理:专门对各班信息进行添加、删除和修改,同时能够实现按照班级名称或者专业名称进行单条件或者组合条件的查询,并且当登录用户身份是学生或者是任课教师时,只能进行查询班级信息的操作。

学生管理:有关学生基本信息录入、修改、查询和删除。同时能够实现按照学生的学号、姓名、所在班级名称或者性别进行单条件或者组合条件的查询,并且当登录用户身份是学生或者是任课教师时,只能进行学生信息的查询。

专业管理:有关专业基本信息录入、修改、查询和删除。同时能够实现按照专业代号或者

专业名称进行单条件或者组合条件的查询，并且当登录用户身份是学生或者是任课教师时，只能进行查询专业信息的操作。

教师管理：有关教师基本信息录入、修改、查询和删除。同时能够实现按照教师编号、名称或者性别进行单条件或者组合条件的查询，并且当登录用户身份是学生时，不能对此模块进行任何操作。

1.4 本项目实施过程中可能出现的问题

本项目的实施内容，主要是分析学生成绩管理系统的用户需求、划分学生成绩管理系统的功能模块图、设计每一个模块的功能内容。但是在实施的过程中，还是会或多或少地存在一些问题。需要注意以下内容：

1. 用户角色的设计问题

对于学生成绩管理系统来说，在对功能需求进行分析的时候，针对不同的用户，所应用的功能也是不相同的。

2. 功能划分问题

对于学生成绩管理系统来说，包含了很多相关的基本信息，但是本系统只分析了一部分系统功能，只包含了学生信息、教师信息、专业信息、班级信息、课程信息和成绩信息，并不包含课程表和学生学籍等信息内容。

1.5 后续项目

对学生成绩管理系统进行需求分析之后，已经确定了该系统中所有实现的功能和各个模块内容，接下来需要完成的子项目是学生成绩管理系统的数据库设计。

子项目 2

学生成绩管理系统数据库设计

2.1 项目任务

在本子项目中要完成以下任务：

1. 创建学生成绩管理系统数据库
2. 创建学生成绩管理系统数据表

具体任务指标如下：

1. 创建数据库 SSCGGL
2. 创建数据表 ClassInfo、CourseInfo、SpecialtyInfo、StudentInfo、StuGrade、TeacherInfo 和UserInfo

2.2 项目的提出

“学生成绩管理系统”是以学生成绩数据为主的管理，其数据库的建立、健全是关键。合理的数据库结构设计可以提高数据存储的效率，保证数据的完整性和一致性，同时，合理的数据库结构也有利于程序的实现。

2.3 实施项目的预备知识

预备知识的重点内容：

1. 理解数据库的概念、设计数据库的思想及思路
2. 重点掌握创建数据库的方法
3. 重点掌握创建数据表的方法
4. 重点掌握 SQL 语句的语法和语义

关键术语：

软件生命周期：又称为软件生存周期或系统开发生命周期，是软件的产生直到报废的生命周期。周期内有问题定义、可行性分析、总体描述、系统设计、编码、调试和测试、验收与运行、

维护升级到废弃等阶段，这种按时间分程的思想方法是软件工程中的一种思想原则，即按部就班、逐步推进，每个阶段都要有定义、工作、审查、形成文档以供交流或备查，以提高软件的质量。但随着新的面向对象的设计方法和技术的成熟，软件生命周期设计方法的指导意义正在逐步减少。

预备知识的内容结构：

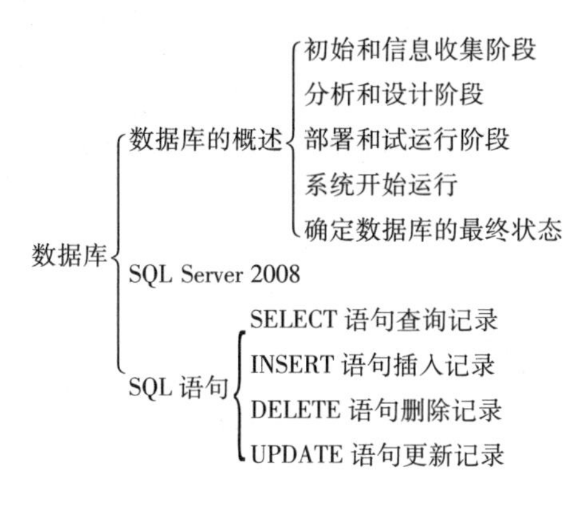

预备知识：

2.3.1 数据库的概述

在大中型企业中，数据库的应用有着严格的阶段划分，也称为生命周期。通过这个生命周期，数据库专家们可以为企业规划出合理的蓝图。

在初始和信息收集阶段，必须了解企业中数据的组成，确定所需的数据是已经存在还是需要新建。在分析和设计过程中，需要根据基本的数据需求从概念和逻辑上建立数据模型；然后在开始部署之前，将逻辑的数据模型转换为物理数据库设计。在部署和试运行阶段，数据库专家需要预估数据库系统的工作量，确定系统的安全性，预期系统的存储和内存需求；然后将新的数据库从测试环境中迁移到生产环境中进行试用。在系统开始运行之后，仍需要持续地保证系统的可用性，进行性能的监视、性能调优、数据备份和恢复，同时进行权限的管理。但是，任何一个数据库都不可能一直不变，因为公司的业务、IT 架构都会不断地变化，当系统需要进行维护的时候，数据库专家需要根据收集到的信息再次重复整个生命周期的流程。最后，要确定数据库的最终状态；确定某些数据是否需要继续保存；是否有新的应用程序需要额外的数据；企业是否对数据育着更多的保密需求；是否需要在应用程序终止使用后，保存相应的数据等。

2.3.2 SQL Server 2008

SQL Server 系列软件是 Microsoft 公司推出的关系型数据库管理系统。2008 年 10 月，SQL Server 2008 简体中文版在中国正式上市，SQL Server 2008 版本将结构化、半结构化和非结构化文档的数据直接存储到数据库中，可以对数据进行查询、搜索、同步、报告和分析之类的操作。数据可以存储在各种设备上，从数据中心最大的服务器一直到桌面计算机和移动设备，它都可以控制数据而不用管数据存储在哪里。

此外，SQL Server 2008 允许使用 Microsoft. NET 和 Visual Studio 开发的自定义应用程序使用数据，在面向服务的架构（SOA）和通过 Microsoft BizTalk Server 进行的业务流程中使用数据。信息工作人员可以通过日常使用的工具直接访问数据。

SQL Server 2008 出现在微软数据平台上是因为它可以运行公司最关键任务的应用程序，同时降低了管理数据基础设施，以及发送观察和信息给所有用户的成本。

这个平台有以下特点：

①可信任的——使公司可以以很高的安全性、可靠性和可扩展性来运行公司最关键任务的应用程序。

②高效的——使公司可以降低开发和管理公司的数据基础设施的时间与成本。

③智能的——提供了一个全面的平台，可以在用户需要的时候给他发送观察和信息。

2.3.3 SQL 语句

1. 利用 SELECT 语句查询记录

数据库的查询操作在网站中经常用到，也就是使用 SELECT 语句从数据库中取得记录集。SQL 语言中 SELECT 语句的常用格式为：

```
SELECT 字段名列表 FROM 基本表或(和)视图集合[WHERE 条件表达式][ORDER BY 列名[集合]...]
```

2. 利用 INSERT 语句插入记录

数据库的插入操作在网站中经常用于注册、留言及其他信息的添加，所使用的 SQL 语句为 INSERT 语句。在 SQL 中，插入记录的语句为 INSERT，该命令的常用格式如下：

```
INSERT INTO 表名[(字段名1,字段名2,...,字段名n)] VALUES(值1,值2,...,值n)
```

语句中 VALUES 子句和可选的字段名列表中必须使用圆括号。表名后的字段名可以省略，如果省略，则全部的字段值都要输入，并且要按照表中字段的顺序来输入。

3. 利用 DELETE 语句删除记录

在 SQL 中，删除记录的语句为 DELETE 语句，该语句比较简单，它的常用格式如下：

```
DELETE FROM 表名[WHERE 条件]
```

DELETE 语句中可以使用 WHERE 子句，表示删除符合条件的记录。若不使用 WHERE 子句，则会删除表中的所有记录。由于 SQL 中没有逻辑删除和物理删除之分，也没有 UNDO 语句，因此在执行这条语句时千万要小心。

4. 利用 UPDATE 语句更新记录

在 SQL 中，插入记录的语句为 UPDATE，该语句允许用户在已知的表中对现有的记录进行修改。该命令的常用格式如下：

```
UPDATE 表名 SET 字段名1=表达式1,字段名2=表达式2,...[WHERE 条件]
```

如果不使用 WHERE 子句，则所有记录的字段都会修改为相同的记录。

2.4 项目实施

2.4.1 任务1:创建学生成绩管理系统数据库

打开 SQL Server 2008 运行环境,右键单击“数据库”,选择“新建数据库”,操作过程如图 2.1 所示。

运行“新建数据库”之后,可以打开如图 2.2 所示的界面,填写数据库名称为 SSCGGL,单击“确定”按钮即可。

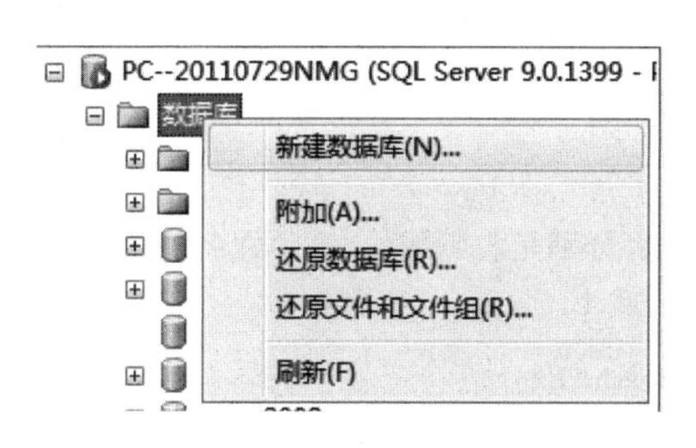

图 2.1 新建数据库

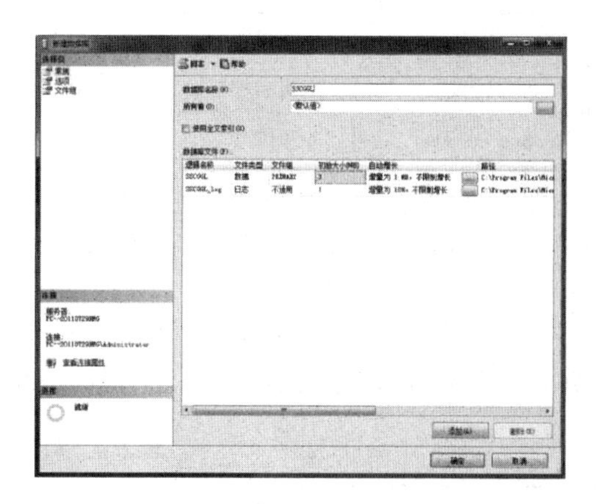

图 2.2 创建新数据库

创建新数据库之后,可以在 SQL Server 2008 的环境的“对象资源管理器”中看到新建好的数据库。

2.4.2 任务2:创建学生成绩管理系统的数据表

在数据库的“表”的位置单击右键,可以添加新的表。在 SSCGGL 数据库中,添加 7 张表,分别是用户登录表、专业信息表、班级信息表、教师信息表、学生信息表、成绩信息表和课程信息表,表中的字段名、类型和大小见表 2.1 ~ 表 2.7。

用户登录表(UserInfo),表中包括了 3 个字段,分别是用户名、用户密码和用户权限。表中字段的内容见表 2.1。

表 2.1 用户登录表(UserInfo)

字段名	中文描述	类型	长度	是否可以为空	是否作为主键
Userid	用户名	Varchar	10	否	是
Userpwd	用户密码	Varchar	10	是	否
Userlevel	用户权限	Varchar	10	是	否

专业信息表(SpecialtyInfo),表中包括了 2 个字段,分别是专业代码和专业名称。表中字段的内容见表 2.2。

表 2.2　专业信息表(SpecialtyInfo)

字段名	中文描述	类型	长度	是否可以为空	是否作为主键
Specialtyid	专业代码	Varchar	4	否	是
Specialtymc	专业名称	Varchar	50	是	否

班级信息表(ClassInfo),表中包括了 4 个字段,分别是班级名称、专业编号、学生人数和备注信息。表中字段的内容见表 2.3。

表 2.3　班级信息表(ClassInfo)

字段名	中文描述	类型	长度	是否可以为空	是否作为主键
Classid	班级名称	Varchar	10	否	是
Specialtyid	专业编号	Varchar	4	是	否
Studentnumber	学生人数	int	4	是	否
Remark	备注信息	Varchar	100	是	否

教师信息表(TeacherInfo),表中包括了 6 个字段,分别是教师编号、教师姓名、教师性别、办公室电话、住址和出生日期。表中字段的内容见表 2.4。

表 2.4　教师信息表(TeacherInfo)

字段名	中文描述	类型	长度	是否可以为空	是否作为主键
Teaid	教师编号	Varchar	10	否	是
Teaname	教师姓名	Varchar	20	是	否
Teasex	教师性别	Varchar	2	是	否
Teloffice	办公室电话	Varchar	11	是	否
Address	地址	Varchar	100	是	否
TeaBirthday	出生日期	Datetime	8	是	否

学生信息表(StudentInfo),表中包括了 7 个字段,分别是学生学号、姓名、性别、出生日期、所在班级、电话和住址。表中字段的内容见表 2.5。

表 2.5　学生信息表(StudentInfo)

字段名	中文描述	类型	长度	是否可以为空	是否作为主键
Sno	学号	Varchar	8	否	是
Sname	姓名	Varchar	20	是	否
Sex	性别	Varchar	2	是	否
Birthday	出生日期	Datetime	8	是	否
Classid	所在班级	Varchar	10	是	否
Tel	电话	Varchar	20	是	否
Address	住址	Varchar	100	是	否

成绩信息表(StuGrade),表中包括了6个字段,分别是学生学号、课程编号、平时成绩、实验成绩、期末成绩和总成绩。表中字段的内容见表2.6。

表2.6　成绩信息表(StuGrade)

字段名	中文描述	类型	长度	是否可以为空	是否作为主键
Sno	学号	Varchar	10	否	是
Cno	课程编号	Varchar	10	是	否
Gradepeacetime	平时成绩	Numeric	9,1	是	否
Gradeexpriment	实验成绩	Numeric	9,1	是	否
Gradelast	期末成绩	Numeric	9,1	是	否
Grade	总成绩	Numeric	9,1	是	否

课程信息表(CourseInfo),表中包括了6个字段,分别是课程编号、课程名称、实验学时、讲课学时、总学分和课程类型。表中字段的内容见表2.7。

表2.7　课程信息表(CourseInfo)

字段名	中文描述	类型	长度	是否可以为空	是否作为主键
Kcid	课程编号	Varchar	10	否	是
Kcname	课程名称	Varchar	50	是	否
Periodexpriment	实验学时	Int	4	是	否
Periodteaching	讲课学时	int	4	是	否
Credit	总学分	Numeric	9,1	是	否
Coursetype	课程类型(课设/必修/选修)	Varchar	50	是	否

2.5　本项目实施过程中可能出现的问题

本项目的实施内容,主要是创建数据库和数据库中各个表中的内容。但是在项目实施过程中,会存在或多或少的问题。主要问题如下:

1. 添加数据库

在添加数据库时,写好数据库的名字之后,要单击“确定”按钮,而不要单击“添加”项,否则会出现错误情况。

2. 创建数据表的字段类型

在数据库中创建表的时候,会添加表中的字段类型,注意字段类型的设置,一旦字段类型填写错误,将会影响后续项目中的代码编写。

2.6　后续项目

学生成绩管理系统的数据库和数据表创建完成之后,接下来就是创建学生成绩管理系统的主菜单。

子项目 3

学生成绩管理系统主菜单设计

3.1 项目任务

在本子项目中要完成以下任务:

1. 创建学生成绩管理系统的主界面
2. 创建主页面中的菜单

具体任务指标如下:

1. 创建学生成绩管理系统的 Main 窗体
2. 创建主窗体上的菜单项

3.2 项目的提出

“学生成绩管理系统”项目是一种 C/S 程序开发,是面向对象的一种程序开发,界面化的设计是必不可少的。因此学生成绩管理系统主菜单的设计是非常重要的。

3.3 实施项目的预备知识

预备知识的重点内容:

1. 掌握窗体的创建和设计方法
2. 重点掌握创建菜单的方法

关键术语:

C/S 模式: Client/Server,客户机/服务器,又称 C/S 结构,是 20 世纪 80 年代末逐步成长起来的一种模式,是软件系统体系结构的一种。C/S 结构的关键在于功能的分布,一些功能放在前端机(即客户机)上执行,另一些功能放在后端机(即服务器)上执行。功能的分布在于减少计算机系统的各种“瓶颈”问题。C/S 模式简单地讲就是基于企业内部网络的应用系统。与 B/S(Browser/Server,浏览器/服务器)模式相比,C/S 模式的应用系统最大的好处是不依赖企

业外网环境,即无论企业是否能够上网,都不影响应用。

面向对象: Object Oriented,OO,是当前计算机界关心的重点,它是20世纪90年代软件开发方法的主流。面向对象的概念和应用已超越了程序设计和软件开发,扩展到很宽的范围,如数据库系统、交互式界面、应用结构、应用平台、分布式系统、网络管理结构、CAD技术、人工智能等领域。

预备知识的内容结构:

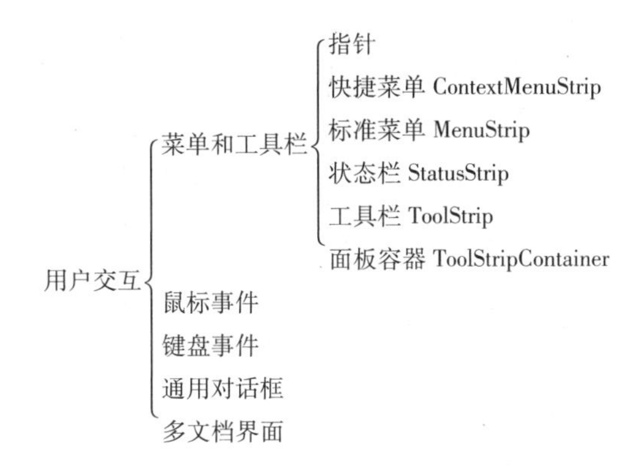

预备知识:

3.3.1 菜单和工具栏

菜单和工具栏是Windows应用程序中常用的控件,用来实现程序与用户的交互。VS 2010提供了一个名为“菜单和工具栏”的工具箱,其中包含了6个常用的控件:

①指针。

②快捷菜单 ContextMenuStrip:用户右击鼠标时弹出的快捷菜单。

③标准菜单 MenuStrip:类似于普通软件的标准菜单。如Word中的“文件”菜单、“编辑”菜单等。

④状态栏 StatusStrip:在界面的下方,用于提示用户信息的一栏,类似于Windows操作系统中的状态栏。

⑤工具栏 ToolStrip:工具栏是一些带图像的小按钮,类似于Word中的工具栏,通常提供菜单项的一些便捷操作。

⑥面板容器 ToolStripContainer:一个装载其他控件的容器,提供上、下、左、右四个区域,可设计容器的显示区域。

下面以菜单为例介绍词类控件的使用方法。

①打开VS 2010,单击“文件”→“新建项目”菜单命令,打开新建项目模板。

②在已安装的模板中,选择“Windows应用程序”模板。

③在名称对话框中,输入“MenuSample”,这是整个应用程序的名称。

④单击“确定”按钮,打开VS 2010工作界面。

⑤从“菜单和工具栏”工具箱中拖放一个“MenuStrip”控件到“Form1”桌面上,此时效果如

图 3. 1 所示。其中包含一个白色的文本框，写着“请在此处键入”。

⑥单击白色文本框，出现如图 3. 2 所示的界面，在右边和下边分别延伸出两个白色文本框。如果在右边填写内容，则会将内容添加到当前菜单的子菜单中；如果在下边填写内容，则会创建一个与当前菜单相同级别的菜单项。

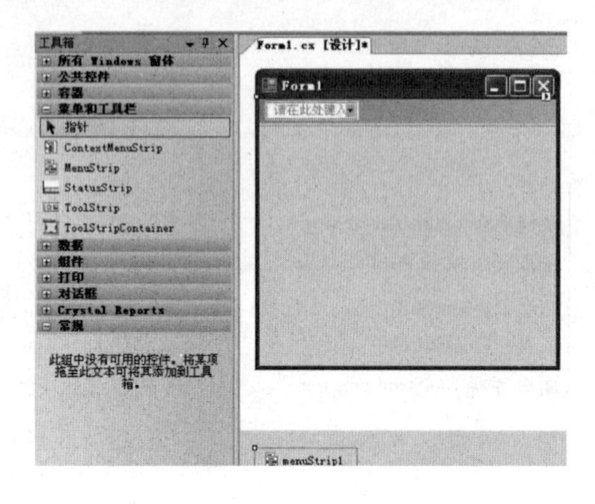

图 3. 1　添加菜单控件后的初始效果

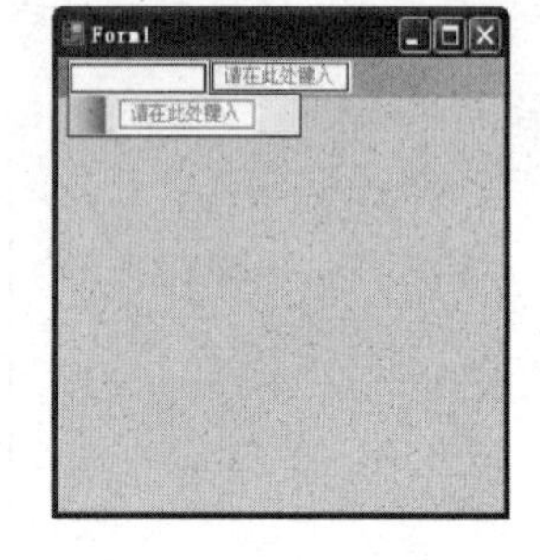

图 3. 2　添加菜单项时的效果

⑦安装 VS 2010 中的“文件”菜单内容，编辑此处的这个菜单项。

⑧如果只是在菜单中添加普通菜单项（文字内容），则一个基本的菜单就完成了。如果要设计样式比较好看的菜单，就需要借助菜单控件提供的其他模板，如复选框、分隔符等。

⑨本例在菜单中添加分隔符。打开文件菜单，用鼠标指向最下面一个未创建的菜单，效果如图 3. 3 所示。

⑩这里有一个三角形的下拉框按钮，单击此按钮会出现一个快捷菜单，其中有 4 个选项：MenuItem、ComboBox、Separator 和 TextBox。其中“Separator”用来在菜单之间添加分隔符，如图 3. 4 所示。

图 3. 3　添加菜单项后的效果

图 3. 4　添加分隔符

3. 3. 2　鼠标事件

鼠标事件就是当鼠标发生移动或其他操作时，所调用的后台程序，标准称呼一般为“鼠标触发事件”。

现在有很多程序被称为“事件驱动”型应用，主要是指用户的操作完全通过鼠标来完成。

在程序中设计好鼠标的事件程序,然后用户通过操作鼠标完成需要的功能。

VS 2010 为常用的控件都提供了鼠标事件。标准鼠标事件的使用方法如下所示。在“button1_MouseHover”中,前面是鼠标操作的控件名称“button1”,后面是触发的鼠标事件“MouseHover”。

```
private void button1_MouseHover(object sender,EventArgs e)
{
    MessageBox.Show("鼠标过来了");
}
```

从上述代码中可以看出,事件的一些结构和参数基本固定。详细解释如下所示。

形式:在“button1_MouseHover”中,前面是鼠标操作的控件名称“button1”,后面是触发的鼠标事件“MouseHover”。

参数:所有的鼠标事件都有两个参数“sender”和“e”。“sender”表示触发的按钮控件“button1”,而“e”表示按钮本身自带的一些事件参数,针对不同的控件,此参数的内容会不相同。

常用的鼠标事件见表 3.1。

表 3.1 常用的鼠标事件

事件名称	事件的意义
MouseClick	鼠标单击时触发的事件
MouseDoubleClick	鼠标双击时触发的事件
MouseUp	鼠标按键抬起时触发的事件
MouseDown	鼠标按键按下时触发的事件
MouseEnter	鼠标进入控件的可见部分时触发的事件
MouseLeave	鼠标离开控件的可见部分时触发的事件
MouseHover	当鼠标在控件上方静止一段时间后触发的事件
MouseMove	鼠标滑过控件时触发的事件
MouseCaptureChange	鼠标捕获更改后触发的事件

鼠标事件围绕鼠标的操作而发生,因为鼠标是用户与程序的重要交互工具,所以本节的内容影响着应用程序的全局,掌握好鼠标事件的设计,是提高用户体验的一种方法。

3.3.3 键盘事件处理

键盘和鼠标一样,也是用户与程序的重要交互工具。本节从一些控件通用的键盘事件入手,学习如何处理在程序中应用键盘事件。

标准键盘事件的处理代码如下所示。

```
private void textBox1_KeyPress(object sender,KeyPressEventArgs e)
{
    MessageBox.Show("您操作的是键盘");
}
```

键盘事件和鼠标事件的结构是相同的，不同的是键盘事件的参数变成了“KeyPressEventArgs”。此参数一般提供用户所按下的键的相关信息。如果用户按下的键为“a”，则通过访问此参数的“e. KeyChar”属性，可以获取所按键的编码值。

常用的键盘事件有三个，其详细的说明如下所示。

KeyPress：当用户按下键盘上的某键，然后又抬起按键时，触发的事件。

KeyUp：当用户抬起键盘按键时触发的事件。

KeyDown：当用户按下键盘某键时触发的事件。

注意：一个 KeyPress 操作相当于一个 KeyDown 操作加一个 KeyUp 操作。

3.3.4 通用对话框

通用对话框是在 Windows 操作系统中经常看到的对话框，如保存文件时的保存对话框、打开文件时的打开对话框等。在 VS 2010 的工具箱中，有一个名为“对话框”的选项卡。打开此选项卡，可以看到 VS 2010 提供了 5 个通用对话框，它们代表的意义见表 3.2。

表 3.2 通用对话框

事件名称	事件的意义
ColorDialog	系统的颜色对话框
FolderBrowseDialog	浏览文件夹对话框
FontDialog	系统的字体对话框
OpenFileDialog	打开文件对话框
SaveFileDialog	系统的保存文件对话框

这 5 个对话框的使用方法是一样的，都是在按钮中通过调用对话框的“ShowDialog”方法打开这些对话框。以“OpenFileDialog”对话框为例，详细演示如何在 Windows 应用项目中使用打开文件对话框。

①打开 VS 2010，新建一个 Windows 应用程序，名为“对话框”。

②从工具箱的“对话框”选项卡中拖放一个“OpenFileDialog”控件到桌面上。释放鼠标后，可以发现 OpenFileDialog 并没有在桌面上生成一个控件，而是在页面的下方。

注意：凡是在应用程序运行时不提供设计视图的控件，都生成在设计页面的下方。

③在页面中添加 1 个“TextBox”控件、1 个“Button”控件和 1 个“Label”控件。设计界面的最终布局如图 3.5 所示。其中文本框用来显示用户最终选择的文件名。

图 3.5 对话框设计界面

④当用户单击“打开文件”按钮时，调用“OpenFileDialog”控件。双击“打开文件”按钮，在其后台添加对对话框控件的调用，详细实现的代码如下所示。

```
private void button1_Click(object sender,EventArgs e)
{
    openFileDialog1.ShowDialog();//打开文件对话框
}
```

⑤当用户在打开的对话框中选择了文件后，应该将用户选择的文件名称显示在文本框中。双击页面下方的“OpenFileDialog”控件，切换到其“FileOk”事件代码中。书写显示文件名的代码如下所示。

```
private void openFileDialog1_FileOk(object sender,CancelEven-
tArgs e)
{
textBox1.Text =openFileDialog1.FileName;
//获取选择的文件,并显示在文本框中
}
```

⑥按 Ctrl + S 组合键保存所有的代码，按 F5 键运行程序。

⑦单击“打开文件”按钮，运行效果如图 3.6 所示。

⑧选择文件，单击“打开”按钮后，显示所选择的文件，效果如图 3.7 所示。

图 3.6 打开文件对话框

图 3.7 显示所选择的文件

注意：选择文件后，文本框中显示的是文件的绝对路径。

其他对话框的使用过程基本相同，为了了解各个对话框的功能，可根据本节的步骤测试其他几个对话框。

3.3.5 编写多文档界面应用程序

多文档界面，简称 MDI，其功能类似于一个 Excel 文件中可以打开多个表单。在 C# Windows 应用程序中，多文档就是可以在一个窗口中打开 N 多个子窗口。

下面以详细的步骤演示如何创建 Windows 应用程序中的多文档界面。

①打开 VS 2010，创建一个普通的 Windows 应用程序，名为“多文档界面(MDI)”。

②默认生成一个 Form1. cs 窗体，选中此窗体，按 F4 键，打开窗体的属性设置，如图 3. 8 所示。

③将“IsMdiContainer”属性的变量更改为“true”。这表示当前窗体会变成一个容器，同时允许其他窗体显示在此窗体内。

④为了可以更清楚地显示子窗体，还需要将属性“WindowState”更改为“Maximized”，表示此容器默认打开时最大化。

⑤拖放 1 个按钮到窗体内，修改此按钮的“Text”属性为“打开子窗体”。

⑥双击“打开子窗体”按钮，书写打开子窗体的代码如下所示。

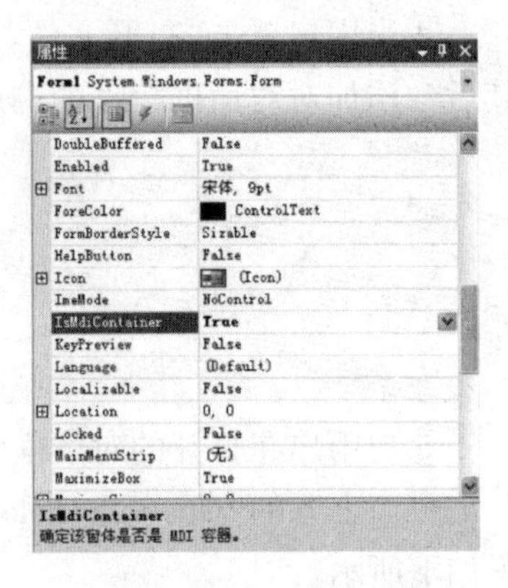

图 3.8 窗体的属性

```
private void button1_Click(object sender,EventArgs e)
{
    Form2 myform = new Form2(); //创建窗体对象
    myform.MdiParent = this; //设置窗体的父对象
    myform.Show(); //显示子窗体
}
```

⑦打开解决方案资源管理器，右击根目录，在弹出的快捷菜单中单击“添加”→“新建项”命令，打开新建项模板对话框，如图 3. 9 所示。

⑧选中“Windows 窗体”模板，默认名为“Form2. cs”，单击“添加”按钮，在应用程序中添加一个新窗体。

注意：此窗体的名字已经在前面的代码中使用到，此处不要随意更改。

⑨在 Form2 窗体中添加 1 个“RichTextBox”控件。

⑩按 Ctrl + S 组合键保存所有代码。按 F5 键运行程序，最终运行效果如图 3. 10 所示。

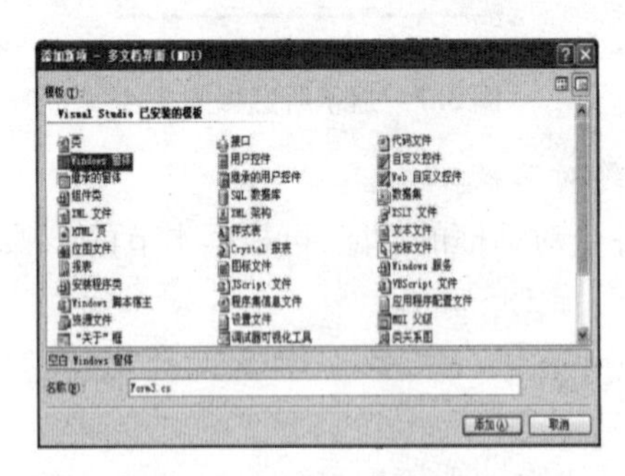

图 3. 9 新建项模板

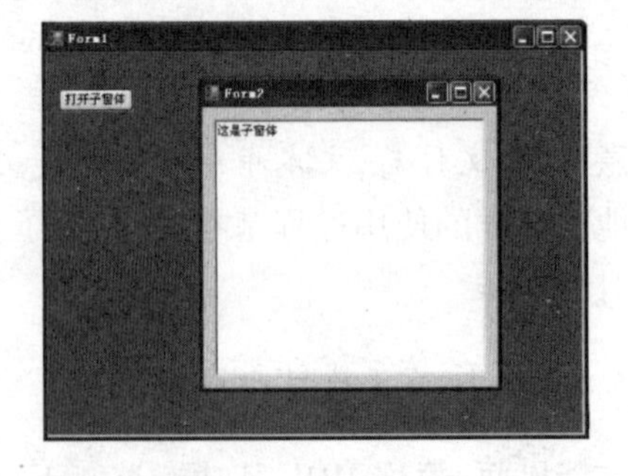

图 3. 10 运行界面

3.4　项目实施

3.4.1　任务1:创建学生成绩管理系统的主界面

首先创建学生成绩管理系统的解决方案,如图3.11所示。

在解决方案中,添加Windows项目,创建学生成绩管理系统项目,如图3.12和图3.13所示。

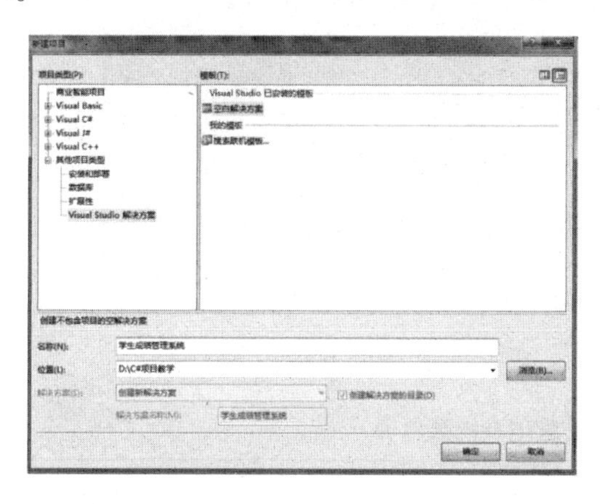

图3.11　创建解决方案

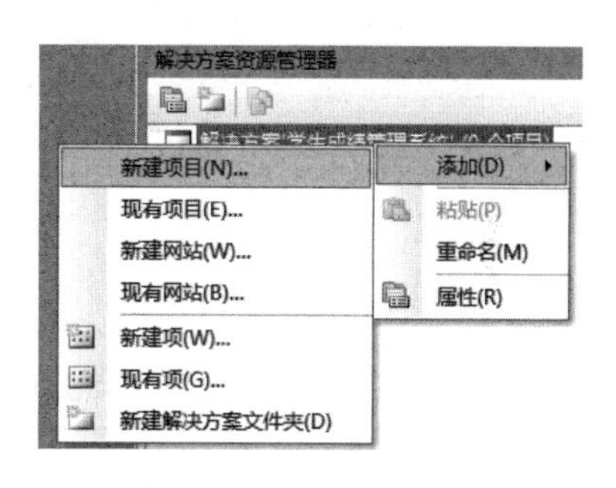

图3.12　新建项目

3.4.2　任务2:创建主页面中的菜单

在工具箱中,选择“菜单和工具栏”中的MenuStrip控件,如图3.14所示,放置在主窗体上,设置主菜单内容。

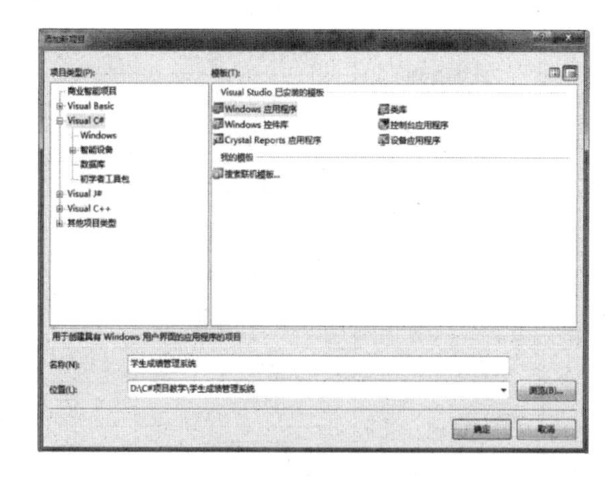

图3.13　创建Windows应用程序

图3.14　MenuStrip控件

添加菜单之后,根据学生成绩管理系统中所设计的模块添加菜单,如图3.15和图3.16所示。

图 3.15　添加菜单 1

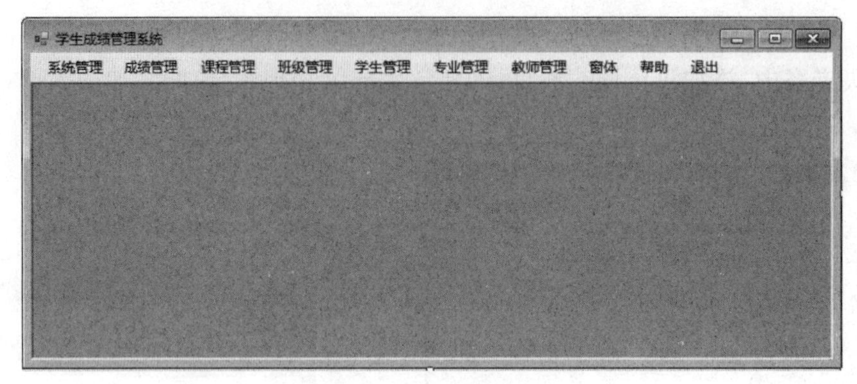

图 3.16　添加菜单 2

添加菜单的内容见表 3.3。

表 3.3　学生成绩管理系统菜单项

主菜单项	次菜单项	三层菜单项	主菜单项	次菜单项	三层菜单项
系统管理	用户管理	用户查询	成绩管理	成绩查询	
		用户添加		成绩录入	
		用户删除		成绩修改	
		用户修改		成绩删除	
	重新登录				
课程管理	课程信息查询		班级管理	班级信息查询	
	课程信息添加			班级信息添加	
	课程信息删除			班级信息修改	
	课程信息修改			班级信息删除	
学生管理	学生信息查询		专业管理	专业信息查询	
	学生信息添加			专业信息添加	
	学生信息修改			专业信息修改	
	学生信息删除			专业信息删除	
教师管理	教师信息查询		帮助	帮助主题	
	教师信息添加			技术支持	
	教师信息修改			联系我们	
	教师信息删除			关于学生成绩管理系统	
窗体	窗体层叠		退出		
	水平平铺				
	垂直平铺				

“窗体”菜单中的3种布局可以显示不同的窗体布局类型。在“窗体层叠”的单击事件中，添加如下代码：

```
        //实现窗体层叠
        private void 窗体层叠ToolStripMenuItem_Click(object sender, EventArgs e)
        {
            this.LayoutMdi(MdiLayout.Cascade);
        }
```

在“水平平铺”的单击事件中，添加如下代码：

```
        //实现窗体水平平铺
        private void 水平平铺ToolStripMenuItem_Click(object sender, EventArgs e)
        {
            this.LayoutMdi(MdiLayout.TileHorizontal);
        }
```

在“垂直平铺”的单击事件中，添加如下代码：

```
        //实现窗体垂直平铺
        private void 垂直平铺ToolStripMenuItem_Click(object sender, EventArgs e)
        {
            this.LayoutMdi(MdiLayout.TileVertical);
        }
```

设置以上布局，可以帮助用户设置窗体之间的不同显示模式。

3.5　本项目实施过程中可能出现的问题

本项目的实施内容，主要是创建学生成绩管理系统的主界面和菜单栏，以及窗体的布局格式。但是在项目实施过程中，会存在或多或少的问题。主要问题如下所示：

1. 设置菜单的单击事件问题

在设置菜单的单击事件的时候，需要注意一点：如果当前的主菜单下没有任何的次级菜单，那么可以双击该项菜单内容，在单击事件中设置单击该菜单项时需要触发的事件内容。但是如果该菜单项下有子菜单，那么该项菜单就不要有单击事件，否则不能触发该项菜单的子菜单项。

2. 窗体显示名的问题

默认情况下，创建的窗体名都是英文缩写，主要是便于管理。但是将窗体显示给用户看的时候，窗体上会显示窗体名，而这个时候显示英文缩写不便于用户理解，因此可以在该窗体的属性中设置 Text 的值为窗体的显示名，便于用户使用。

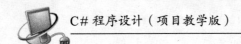

3.6 后续项目

创建了学生成绩管理系统的主页面和菜单项之后，就已经确定了要创建的模块内容，根据已经确定的模块，编写每个模块中所要使用的类和方法。

子项目 4

学生成绩管理系统中类的应用

4.1 项目任务

在本子项目中要完成以下任务:

创建学生成绩管理系统中的各个实体类

具体任务指标如下:

创建学生成绩管理系统的实体类:ClassInfoData 类、Constants. cs 类、CourseInfoData. cs 类、SpecialtyInfoData 类、StudentInfoData 类、StuGradeData 类、TeacherInfoData 类和 UserInfoData 类

4.2 项目的提出

学生成绩管理系统的需求分析和数据库创建之后,已经确定了所要实现的功能模块内容,对于程序的开发,可以直接在表现层编写代码,直接访问数据库。但是这种方式对程序的安全性和后续程序的扩展都是非常不利的,因此,创建实体类是必不可少的。

4.3 实施项目的预备知识

预备知识的重点内容:

1. 掌握 C#语言的数据类型、值类型和引用类型的定义与使用方法
2. 重点掌握类型之间的转换
3. 重点掌握装箱和拆箱的方法
4. 理解变量、常量和运算符的使用方式
5. 重点掌握类的定义、使用和方法

关键术语:

数据类型:在数据结构中的定义是:一个值的集合及定义在这个值的集合上的一组操作。

变量:是用来存储值的处方;它们有名字和数据类型。变量的数据类型决定了如何将代表

这些值的位存储到计算机的内存中。在声明变量时,也可指定它的数据类型。所有变量都具有数据类型,以决定能够存储哪种数据。

重载:在一个类定义中,可以编写几个同名的方法,但是只要它们的签名参数列表不同,Java 就会将它们看作唯一的方法。简单地说,一个类中的方法与另一个方法同名,但是参数表不同,这种方法称为重载方法。

多态性:最早用于生物学,指同一种族的生物体具有相同的特性。在面向对象的程序设计理论中,多态性的定义是:同一操作作用于不同的类的实例,将产生不同的执行结果,即不同类的对象收到相同的消息时,得到不同的结果。多态是面向对象程序设计的重要特征之一,是扩展性在“继承”之后的又一重大表现。对象根据所接收的消息而做出动作,同样的消息被不同的对象接收时可能导致完全不同的行为,这种现象称为多态性。

委托:是一个类,它定义了方法的类型,使得可以将方法当作另一个方法的参数进行传递。这种将方法动态地赋给参数的做法,可以避免在程序中大量使用 If – Else(Switch)语句,同时使得程序具有更好的可扩展性。

预备知识的内容结构:

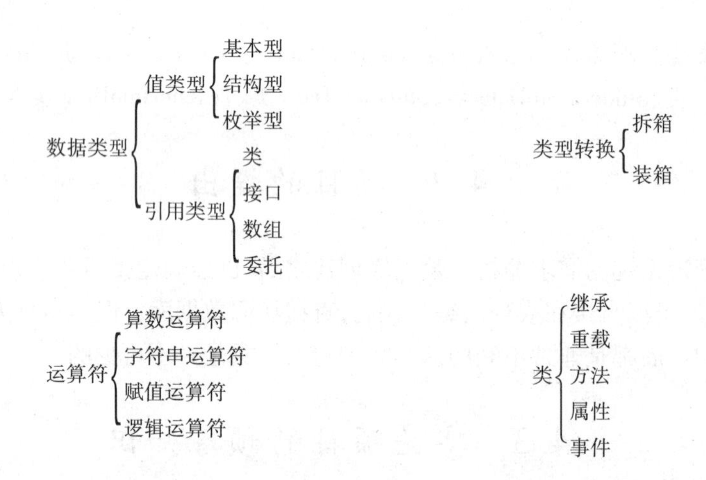

预备知识:

4.3.1 数据类型

C#的数据类型可以分为两类:值类型和引用类型。除这两种类型以外,在非安全代码中也可以使用指针类型。

值类型直接存放真正的数据,每个值类型都有自己固定的长度,比如 int 类型占用 4 个字节。值类型的变量保存在堆栈中,因此对一个变量的操作不会影响其他变量。

值类型可以分为 3 大类:基本型、结构型、枚举型。

引用类型存储的是数据的内存地址,位于受管制的堆上。堆用于存储可变长度的数据,比如字符串类型。作为引用类型的变量,可以引用同一对象,因此对一个变量的操作会影响引用相同对象的另一个变量。

引用类型包括类、接口、数组、委托等。

表 4.1 中列出了值类型和引用类型的区别。

表 4.1 值类型和引用类型的区别

特性	值类型	引用类型
变量中存放	真正的数据	指向数据的引用指针
内存空间配置	堆栈(Stack)	受管制的堆(Managed Heap)
内存需求	较少	较多
执行效率	较快	较慢
内存释放时间点	执行超过定义变量的作用域时	由垃圾回收机制负责回收
是否可以为 null	不可以	可以

4.3.2 值类型

C#的值类型可以分为 3 大类:

基本型:包括整型、浮点型、小数型、布尔型,这些类型与其他语言的基本数据类型相似。

结构型:适用于创建小型对象。

枚举型:除 char 类型以外的其他常数组成的列表类型。

4.3.3 引用类型

引用类型是将数据保存在堆上的存储方式。当将一个数据给引用类型时,其被保存在堆上的变量中。引用类型的大小不固定,为了可以快速地搜索引用类型数据的值,将其地址保存在堆栈上,这样可以通过地址找到真正的数据所在。引用类型很抽象,就像一个门牌号,根据门牌号找到所在的房子。

引用类型一般包括类、接口、委托、数组和字符串等。

1. 类

类是面向对象编程的基本单位,是一组具有相同数据结构和相同操作的对象的集合。类是对一系列相同性质的对象的抽象,是对对象共同特征的描述。比如学生即为一个类,在学生类中包含“张三”“李四”这样的学生,每一个学生即为学生类的一个实例,也叫对象。

类是对象的抽象,类定义了对象的特征,其中包括表示对象内在的属性及描述对象行为的方法。对象是类的实例,在创建对象之前,必须先定义该对象所属的类。

2. 接口

接口好比一种模板,这种模板定义了实现接口的对象必须实现的方法,其目的就是让这些方法可以作为接口实例被引用。

3. 委托

委托类似于 C 和 C ++ 等编程语言中的函数指针,用于封装对某个方法的调用过程。在C#中,委托是引用类型,它是完全面向对象的,它所封装的方法必须与某个类或对象相关联。

4. 数组

(1)数组概述

数组是一些具有相同类型的数据按一定顺序组成的序列,数组中的每一个数据都可以通过数组名及唯一的索引号(下标)来存取。所以,数组用于存储和表示既与取值有关,又与位置(顺序)有关的数据。数组元素可以是任何类型。

在 C#中,所有的数组都是从 System. Array 类派生而来的,因此可以直接使用该类中的属性和方法。

访问数组元素时需要注意:数组元素的起始下标是从 0 开始的,以长度 -1 结束。注意不要出现下标越界现象。

(2)数组的声明

声明数组的过程与声明类对象的相同,包含两个环节,即声明数组变量与数组变量的实例化。

```
类型名称[]数组名;
```

例如:int[ ] A;

声明二维或多维数组,数组索引间用“,”分隔。

```
string[,] table = new string[2,3];
```

数组在声明后必须实例化才可以使用。实例化数组的格式为:

```
数组名称 = new 类型名称[无符号整型表达式];
```

例如:

```
A = new int[5];
```

使数组包含 5 个元素。声明数组过程中,声明变量与实例化变量这两个环节可以用一条语句完成。

例如:

```
int[]A = new int[5];
```

数组一旦实例化,其元素即被初始化为相应的默认值。

(3)数组初始化和引用

数组初始化的例子:

```
int[]count = new int[5]{5,7,3,6,9};
string[,]table = new string[2,3]{{"张三","软件班",
                                  "抚顺"},{"李四","计算机班","沈阳"}};
Reader[]reader = new Reader[2]{new Reader(),new Reader()};
```

数据的引用/访问方法:数组名[索引号]

例子:

```
count[0] =100;count[4] =200;
table[1,2] = "北京";
reader[0].personName = "张三";
```

除了 string 类和值类型外,其他引用类型的数组元素必须要先实例化后才能引用。

5. 字符串

(1)字符串声明和引用

C#语言中,用 string 关键字声明一个字符串。字符串可以看成是由字符组成的数组,放在一个双引号内括起来。字符串为引用类型。

声明字符串类型的变量如下:

```
string s = "Hello Word!";
```

字符串中也可以包含转义字符,如 string s = "Hello\nWorld";,表示:

```
Hello
World
```

(2)字符串属性和方法

string 实际是指向 .NET 类库中的 System. String 类。String 类提供了很多处理字符串的方法,比如比较字符串、分割字符串、求子串、复制字符串、插入字符串等。

String 类的常用方法有:

①Compare():比较两个字符串的值,返回一个整型值。0:相等;1:第一个比第二个大;-1:第一个比第二个小。

②StartsWith():判定字符串是否以指定的字符串开始,返回一个布尔值。

③IndexOf():返回字符串实例中的第一个匹配项的索引。

④Trim():从字符串的开始位置和末尾移除空格。

⑤Remove():从字符串中的指定索引位置移除指定数目的字符。

⑥PadLef():右对齐并填充字符串,以使字符串的开始到最右边的字符达到指定的长度。

⑦PadRight():左对齐填充字符串,以使字符串的开始到最左边的字符达到指定的长度。

⑧Split():把字符串分解成由其子串组成的字符串数组。

⑨Join():用指定的分隔符把特定的字符数组的各元素连接起来,生成一个单个的字符串。

⑩Substring():从字符串中返回从指定的字符位置开始的具有指定长度的字符串。示例如下:

```
public string Substring(int startIndex);
public string Substring(int startIndex,int length);
```

startIndex:子字符串的起始位置。

length:子串长度。

⑪Insert():在指定索引处插入一个指定字符串。

4.3.4　类型转换

在 C#中,为了输出和保存的需要,不同的类型之间可以实现转换。

基础类型一般包括字符型、数值型、日期型。根据类型转换方式的不同,可分为隐式转换和显式转换两种。

显式转换:在进行类型转换时,需要在代码中明确指出转换后的数据类型。

隐式转换:在进行类型转换时,不需要在代码中明确指出转换后的数据类型,系统会自动进行类型判断,并正确实现类型转换。

4.3.5 装箱和拆箱

装箱和拆箱是值类型和引用类型互相转换的过程,是数据类型转换的一种特殊应用。

通过使用装箱和拆箱功能可以把值类型当作对象使用。所有的值类型都可以与 object 类型实现双向转换。

这种转换有什么意义呢? 举个例子,在程序中可以直接这样写:

```
string s =(10).Tostring();
```

数字 10 只是一个在堆栈上的 4 字节的值,怎么能实现调用 Tostring( )方法? 实际上,C#是通过装箱操作来实现的,即先把值类型转换为引用类型,然后为堆上的对象创建一个临时的引用类型,再调用引用类型的方法来实现指定的功能。

1. 装箱

装箱是将值类型隐式转换为 object 型或者转换为由该值类型实现了的接口类型。装箱一个数值会为其分配一个对象实例,并把该数值复制到新对象中。例如:

```
int i =123;
object o = i;//装箱
```

这条装箱语句执行的结果是在堆栈(stack)中创建了一个对象 o。该对象引用了堆(heap)上 int 型的数值,而该数值是赋给变量 i 的数值的备份。

2. 拆箱

拆箱是显式地把 object 类型转换成值类型,或者把值类型实现了的接口类型转换成该值类型。拆箱操作包括以下两个步骤:

①检查对象实例,确认它是给定值类型的包装数值。

②把实例中的值复制到值类型的变量中。

下面的语句演示了装箱和拆箱操作:

```
int i =123;//值类型
object box = i;//装箱操作
int j =(int)box;//拆箱操作
```

4.3.6 变量和常量

变量和常量用来代表程序中的数据,是程序运行不可缺少的一部分。

1. 声明和使用常量

常量通常用来保存一个固定的值。如圆周率“π”,在程序设计中,是一个固定的值,那么在程序开始时,就可以将其定义为一个常量。

常量的定义语法如下所示,其中“const”是定义常量的关键字,同时还要将常量名大写。

```
const 数据类型 常量名 = 一个固定的值;
```

2. 声明和使用变量

变量的使用比常量要复杂得多,其可以通过固定的数据类型及专门的作用域进行声明。声明变量时,必须指定变量的类型。变量名一般都是小写字母,如果变量的名字比较长,可将第二个单词的首字母大写。定义变量的语法如下所示。

```
int x,y;//定义变量,可同时定义多个
int z = 0;//定义变量,可指定变量的初始值
```

3. 变量的作用域

作用域就是指变量的有效期,一般分为局部变量和全局变量。

局部变量是指在某一个阶段内此变量允许调用,而此阶段完成后,变量就被释放,再调用会发生错误。一般使用“private”来声明,声明语法如下所示。

```
private  数据类型  变量名;
```

全局变量是指变量在程序的运行期间都有效,当程序结束时,变量才会被释放。全局变量使用“public”来声明,声明语法如下所示。

```
public  数据类型  变量名;
```

其实全局变量和局部变量的定义有相对性,即全局变量针对的不一定就是整个应用程序,也许针对的是某个模块,或是某个类。

4.3.7　运算符

运算符是组成计算机表达式的关键。常用的运算符有算数运算符、字符串运算符、赋值运算符、逻辑运算符等。

1. 算数运算符

算数运算符是常见的数学运算,在C#中,用加(+)、减(-)、乘(×)、除(/)表示。

2. 字符串运算符

字符串运算符是常用的运算符号,用在字符串和字符的处理上。在C#中,字符串运算最常用的运算符是“+”和“[]”。“+”用来连接两个字符串,虽然效率有些低,但使用方便。“[]”用来以索引方式查找字符串数组中的值,可以称为字符串的索引器。

3. 赋值运算符

赋值运算符就是常见的“=”,其可以为数值型、枚举、类等所有的类型赋值。使用“=”的语法如下所示。

```
变量 = 值;
```

其中“=”左边一般为变量的名称,“=”右边为固定的值、已经知道的变量或新实例化的类。还有一种赋值运算符可以计算后再赋值,如“+=”或“-=”。

4. 逻辑运算符

逻辑运算符就是常说的“是否”操作，是就执行 A 代码，否就执行 B 代码。逻辑运算符一般包括“与”“或”“非”。

与：C#中的符号为“&&”，表示必须满足两个条件。语法为“表达式 1&& 表达式 2”。

或：C#中的符号为“||”，表示满足两个条件中的任意一个即可。语法为“表达式 1||表达式 2”。

非：C#中的符号为“！”，表示取当前表达式结果的相反结果。如果当前表达式为“true”，则计算结果为“false”。语法为“！表达式”。

5. 位运算符

位运算符在 C 语言中曾经发挥过巨大的作用，但其在 C#语言中的语言并不广泛。

位运算符是对位进行运算和处理。C#中主要包括 6 种位运算符。

& 按位与：将两个值的二进制进行与操作。只有两个二进位均为 1 时，结果位才为 1，否则为 0。

| 按位或：将两个值的二进制进行或操作。只要两个二进制位中有一个为 1，则结果位等于 1，否则为 0。

∧ 按位异或。

~ 取反。

<< 左移：将变量的二进制位往左移动，低位补 0。

>> 右移：将变量的二进制位往右移动。

6. 其他运算符

除了前面介绍的运算符外，C#还有一些常用的运算符，下面列出了这些运算符的说明和语法。

自增和自减运算符：一般用于数值型变量，用来增大或减少变量当前的值，使用语法为“变量 ++；”或“变量 --；”。

比较运算符：一般用于条件表达式中，用来判断表达式是否符合条件，主要包含“ == ”“！= ”和“ < ”等运算符，使用语法为“if(x == y)”。

条件运算符：先用一个“？”判断表达式是否满足条件，然后用“：”间隔两个表达式，如果满足条件，就执行“：”左边的表达式，否则执行右边的表达式。这是 C#中唯一的三元运算符。

使用语法为：条件？表达式 1：表达式 2。

7. 运算符的优先级

运算符并不是按照表达式的书写顺序来依次执行的，在 C#中，不同的运算符具备不同的运算顺序。表 4.2 列出了运算符的优先级。

表 4.2　运算符的优先级（高→低）

运算符名称	运算符
特殊运算符	0
一元运算符	=（正），-（负），！（逻辑非）

续表

运算符名称	运算符
乘/除运算符	* , / ,%
加/减运算符	+ , -
移位运算符	<< , >>
关系运算符	< , > , <= , >=
比较运算符	== , !=
逻辑与运算符	&
逻辑异或运算符	∧
逻辑或运算符	|
条件与运算符	&&
条件或运算符	||
三元运算符	?:
赋值运算符	= , += , -= , *= ,/= ,%=

4.3.8　类

类是面向对象编程的基础,C#就是一门纯粹的面向对象的语言,所以学习 C#语言,一定要掌握 C#语言中类的特点。本章结合 C#的开发工具 VS 2010,学习如何在 C#中定义类和使用类。主要会学习到 C#中类的构造,以及类的一些主要特性,如继承、重载等。

在面向对象概念中,类是封装数据的基本单位。类用来定义对象可执行的操作(方法、事件、属性等),类的实例是对象。可以通过调用对象的属性、方法、事件来访问对象的功能。

类和对象的区别可以用现实生活中的例子来说明。如果把类看作衣服,则可以把对象(或者叫实例)看作是张三穿的衣服、李四穿的衣服、王五穿的衣服等。

要使用对象,必须先定义类,然后再创建类的实例。

1. 基础知识

与类有关的一些基本概念有:类的组织、对象的生存周期、字段和局部变量、静态成员与实例成员及访问修饰符等。

(1)类的组织

在 C#中使用 class 定义类,声明类的形式为:

```
[附加声明][访问修饰符]class 类名称[:基类以及实现的接口列表]
{
    [字段声明]
    [构造函数]
    [方法]
    [事件]
}
```

类名称后面的冒号有两个含义:如果是类名,则表示该类是所定义类的基类,基类只能有一个;如果是接口名,表示该类实现的接口,接口可以有多个。注意:当基类及实现的接口列表不止一项时，各项之间用逗号分隔，并且要把基类放在第一个，然后才是接口名。

(2)对象的生存周期

对象的生存周期并不是由其所在的区域决定的，它包含以下特性：

①对象在建立时分配了内存，创建对象实际上做了两个方面的工作：使用 new 保留字要求系统分配内存；使用构造函数初始化数据。

②在 C#中，不允许通过编制程序做销毁对象的工作，这是因为如果把这个权利交给编程者，一旦编程者忘记销毁对象，就会引起内存泄露问题。所以这个工作由系统自动处理，这样既减轻了编程者的工作，又避免了内存泄露，可谓一举两得。

③和 Java 相似，C#也是采用垃圾回收机制自动销毁对象的。在适当的时候自动启动回收机制，然后检测没有被引用的对象并将其销毁。实际上，销毁对象也是做了两个方面的工作：释放占用的内存；将分配给对象的内存归还给堆(Heap)。

(3)字段和局部变量

为了区分作用域不同的变量，C#对变量进行了更细的划分：把声明为类一级的变量叫作字段，把在方法、事件及构造函数内声明的变量叫作局部变量。声明变量的位置不同，其作用域也不同。

当字段和局部变量名相同时，如果要引用静态字段，可以使用下面的形式：

```
类名.字段名
```

如果是实例字段，则使用下面的形式：

```
this.字段名
```

这里的 this 是指当前实例。

当然，如果没有出现字段和局部变量名重名的情况，引用字段的形式和引用局部变量的形式相同。

(4)静态成员与实例成员

在类中定义的数据称为类的数据成员，数据成员包含了字段、常量、事件等。而函数成员则提供操作类中数据的某些功能，函数成员包括方法、属性、构造函数等。对象中的数据成员和方法都是对象私有的，即只有对象本身才能够操作这些数据成员和调用这些方法，其他对象不能直接对其进行操作。可是有一些成员是所有对象公用的，如果把这样的成员保存在每一个对象上，当创建了一个类的某个对象时，在堆中就会出现很多相同的内容，显然是浪费资源。此外，若要修改这些成员，也必须对每一个对象都进行修改，很明显这样做效率也比较低。

解决这个问题的方法是将成员定义为静态(static)的，当该类被装入内存时，系统就会在内存中专门开辟一部分区域保存这些静态成员。这样其他类不必建立该类的实例就可以直接使用该类的静态成员。

把只有创建了类的实例才能够使用的成员称为实例成员。

需要注意的是，静态成员在内存中只有一份，不像实例成员可以有多个。并且静态成员要等应用程序结束时才会消失，所以使用时要根据具体情况决定是否使用静态成员。

在 C#中通过指定类名来调用静态成员，通过指定实例名来调用实例成员。

(5)访问修饰符

将数据和方法封装在类中是为了便于对数据和方法进行控制和修改，访问修饰符用于控

制类中数据和方法的访问权限。C#中有以下几种成员访问修饰符：

1) public

任何外部的类都可以不受限制地存取这个类的方法和数据成员。

2) private

类中的所有方法和数据成员只能在此类中使用,外部无法存取。

3) protected

除了可以让本身的类使用之外,任何继承自此类的子类都可以存取。

4) internal

在当前项目中都可以存取。该访问权限一般用于基于组件的开发,因为它可以使组件以私有方式工作,而该项目外的其他代码无法访问。

5) protected internal

只限于当前项目,或者从该项目的类继承的类才可以存取。

2. 定义类

类是面向对象开发的基础,是用来定义一组相似对象的集合,如动物是一个大类,而猫是这个大类中的对象。本节将介绍如何定义类,并详细介绍如何将一些事物抽象成类。

(1)声明类

一个类在程序中使用之前,必须已经声明过。声明是让程序知道有这么一个类存在,C#中用"Class"关键字来声明类。声明类的语法如下所示。

```
namespace WindowsApplication1          //声明命名空间
{
    class Class1                       //声明类
    {
        public Class1()                //定义类的构造函数
        {    }
    }
}
```

从上面的代码可以看出,一个类的创建需要三部分:命名空间、声明类和构造函数。命名空间主要是区别不同程序集中的类,一般便于大型应用项目中不同程序集之间的调用。构造函数是定义类时必须创建的函数。即使在代码中不创建构造函数,默认创建的类也是有构造函数的。构造函数相当于类的初始化。

注意:构造函数的名字必须和类名相同。构造函数还可以带参数。

(2)声明类的静态特征

静态特征通常被称为属性,用来描述类的一些静态特性。以动物为例,猫具备一些静态特征:颜色、品种、年龄、体重等。这些特征通常称为静态特征,也就是猫的属性。

注意:如果一个属性只有 get 语句而没有 set 语句,则说明此属性是只读的,即不允许在程序运行时修改这个属性的值。

每个属性前面都要求定义该属性的类型,如颜色是字符串"string"类型,而猫的年龄是数值型"int"。根据属性的不同,类型也不固定,有时候还会是复杂的其他类。

属性前面的关键字"public"表示该属性是公共属性,可被继承类的其他类访问,如果改为

“private”,则该属性只能被当前类的对象访问,不能被继承类的对象访问。这里的意义与全局变量和私有变量一样。

(3)声明类的动态行为

类的动态行为,一般称为方法,相比属性而言,这些方法感觉起来有动感,不是静止不动的内容,所以称为动态行为。如猫具备爬树、挠人、捕食等行为,这种行为,在软件开发中称为猫类的一些方法。

注意:在类的方法中调用当前类时,使用“this”关键字。

(4)创建类实例

前面创建了类,并设置了类的属性和方法,本例最重要的就是学习如何创建类的实例,并在程序中调用这个类的一些方法和属性。

实例就是将一个抽象类具体化,如前面创建的猫类,这个类没有具体指某一种猫。为猫类创建一个实例,就是指具体化到某个猫。

(5)继承类

继承是面向对象开发的一个很重要的特性,继承就像现实生活中的子承父业一样。父亲有的,就全给了儿子。软件开发中的继承也一样,父类有的,子类也照样有。

在子类中,调用父类的属性和方法,与调用自己的属性和方法一样。这就是继承的应用方式。使用继承时,注意通过 Private 关键字设置类的私有方法和属性。

3. 属性

属性是一个对象本身的特点,如颜色、大小、体重等都是猫的属性。属性一般是名词,不具备动态特性。本节详细介绍 C#关于属性的一些定义。

一个设计良好的类不仅要将类的实现部分隐藏起来,还会限制外部对类中成员变量的存取。在 C#中,可以通过属性来实现。

属性是类的一种成员,是用来封装类数据的一种方式,比如字体、颜色等属性。使用属性的另一个好处是可以使应用程序看起来更直观。

在方法中编写代码时,完成像设置或者获取一个值这样的操作时,最好使用属性。

(1)域和属性

域和属性的原文是 field 和 property,也有的书翻译成字段和属性。

域其实就是一个变量,在类中实现数据传递的功能。而属性则是类对外的特性,其他类可以通过访问这个类的属性来获取或设置这个属性的值。而域则无法被其他类访问。

属性还有一个重要的特点,就是属性内部一般有“get{}”和“set{}”两个语句,通常称为“属性访问器”。“get{}”语句用来获取属性的值,而“set{}”语句用来设置属性的值,其中的“value”值就是用户设置的属性值。

用属性声明的方式来对属性进行定义,通过 get 和 set 提供外部对私有成员的访问。根据使用情况不同,可以只用 get 或者只用 set,也可以同时使用 get 和 set。

get:用来读取数据成员的值。

set:用来设置数据成员的值。

(2)静态属性

在 C#中,一般用“static”关键字来定义静态变量,静态属性就是被定义为“static”的属性。

其定义语法如下所示。

```
public static Score
{
        get{};
        set{};
}
```

从上述代码中可以看出,除添加了关键字“static”外,其他定义与普通属性没有区别。

一个类在使用前必须将其实例化,才能调用其内容的方法和属性,但一旦这个方法或属性被定义为“static”,就可以直接调用。

(3)重载属性

当一个子类继承父类后,其具备父类所有的公共属性。

(4)属性与方法的区别

可以说,属性是一种特殊的方法,但属性和方法之间也有不同之处,主要有:

①属性不必使用括号,但方法一定要使用括号。

②属性不能指定参数,方法可以指定参数。

③属性不能使用 void 类型,方法则可以使用 void 类型。

(5)使用索引

使用索引的原因是,很多对象都是由许多子项目组成的,如 ListBox 是由一系列字符串组成的。索引(Indexer)允许对象以类似数组的方式来存取,让程序更为直观,更容易编写。

定义索引的方式和定义属性的非常相似,主要有两部分:

①使用 this 关键字。

②定义一个索引值。

4. *方法*

方法(Method)是一组程序代码的集合,每个方法都有一个方法名,便于识别和让其他方法调用。方法一般用来执行一个操作,如打印的方法、输出的方法;或者执行一系列的运算,如“sum”方法,表示用来计算总和的运算。本节介绍 C#中一些方法的定义和使用方法。

(1)方法的参数

C#程序中定义的方法都必须放在某个类中。定义方法的一般形式为:

```
访问修饰符　返回值类型　方法名称(参数序列)
{
    语句序列
}
```

在定义方法时,需要注意以下几点:

①方法名称后面的小括号中可以有参数序列,也可以没有参数,但是不论是否有参数,小括号都是必需的。如果参数序列中的参数有多个,则以逗号分隔开。

②如果要结束某个方法的执行,可以使用 return 语句。程序遇到 return 语句后,会将执行流程交还给调用此方法的程序代码段。此外,还可以利用 return 语句返回一个值。注意,return

语句只能返回一个值。

③如果声明一个 void 类型的方法,return 语句可以省略不写;如果声明一个非 void 类型的方法,则方法中必须至少有一个 return 语句。

(2)方法中的参数传递

定义方法时,可以将参数传入方法中进行处理,也可以将方法中处理过的信息传回给调用者。当常数作为参数传递时,不论是通过值传递还是通过引用传递,都不能在代码中修改该常数。

将变量参数传入方法的方式有下面几种:

1)传递值类型的参数

值类型参数的格式为:

```
参数类型  参数名
```

定义值类型参数的方式很简单,只要注明参数类型和参数名即可。当该方法被调用时,便会为每个值类型参数分配一个新的内存空间,然后将对应的表达式运算的值复制到该内存空间。在方法中更改参数的值不会影响到这个方法之外的变量。

2)传递引用类型的参数

引用类型参数的格式为:

```
ref  参数类型  参数名
```

与传递值类型参数不同,引用类型的参数并没有再分配内存空间,实际上传递的是指向原变量的指针,即引用参数和原变量保存的是同一个地址。为了和传递值类型参数区分,前面加上 ref 关键字(Reference)。在方法中修改引用参数的值实际上也就是修改被引用的变量的值。

3)输出多个引用类型的参数

有时候一个方法计算的结果有多个,而 return 语句一次只能返回一个结果,这时就用到 out 关键字。使用 out 表明该引用参数是用于输出的,并且调用该参数时不需要对参数进行初始化。

输出多个引用类型参数的格式为:

```
out  参数类型  参数名
```

4)传递个数不确定的参数

当需要传递的参数个数不确定时,比如求几个数的平均值,由于没有规定是几个数,运行程序时,每次输入的值的个数就不一定一样。为了解决这个问题,C#采用 params 关键字参数的个数是不确定的。

(3)使用构造函数

构造函数是一个特殊的方法,用于在建立对象时进行初始化的动作。在 C#中,每当创建一个对象时,都会先调用类中定义的构造函数。

使用构造函数的好处是,它能够确保每一个对象在被使用之前都适当地进行了初始化的动作。

另外,构造函数还具有以下特点:

①每个类至少有一个构造函数。如果不写构造函数,则系统会自动提供一个默认的构造函数。

②一个构造函数总是和它的类名相同。

③构造函数不包含任何返回值。

④构造函数总是 public 的。

一般在构造函数中作初始化工作，执行过程用时比较长的程序代码最好不要放在构造函数中。

如果在类中不定义构造函数，系统会自动提供一个默认的构造函数，默认构造函数没有参数。这样做是为了保证能够在使用前先进行非静态类成员的初始化工作，即将非静态成员初始化为下面的值：

①对数值型，比如 int、double 等，初始化为 0。

②对 bool 类型，初始化为 false。

③对引用类型，初始化为 null。

如果在类中定义了构造函数，则所有初始化工作由编程者自己完成。

构造函数是一个类开始的地方，也称为类的构造方法。可以在构造函数中初始化类的变量。

注意：构造函数的名字必须和类名相同，且构造函数没有返回类型，但构造函数可以带参数。

(4)使用析构函数

析构函数在 C#中用的并不多，是 C ++ 语言的特色。本节只通过 1 个例子演示析构函数的用途，实际应用可根据项目需要而定。

析构函数和构造函数正好相反，一个是实例化类时执行（开始处），一个是在释放类时执行（结束处）。

下面的代码演示了 C#中析构函数的定义规范。

```
class Grade
{
  ~Grade()
  {
    Console.Write("计算完成,释放对象完毕");
  }
        public int Sum(int a,int b)
        {
            return a +b;
        }
  }
```

通过“ ~ ”来定义析构函数，当函数名和类名相同，函数内写明释放类对象时，要进行清理操作。

(5)使用静态方法

在学习静态属性时，提到使用“static”来表示静态的特性。静态方法也一样，使用“static”定义的方法称为“静态方法”。静态方法也是不需要实例化类的，可直接调用。

(6)重载方法

方法的重载，就是方法名相同，但具备不同的参数或参数类型。

(7)访问父类方法

类的很大优点在于继承和扩展，如果一个子类继承了父类，则其具备父类所有的“public”定义的属性和方法。

4.4 项目实施

为了在 Windows 项目中有效、合理地管理所有的类文件，在本项目中新建一个文件夹，命名为 Classes，专门用来存放学生成绩管理系统中的所有实体类。

4.4.1 任务 1：学生信息类

学生信息类 StudentInfoData. cs 主要针对学生信息的实体定义。

StudentInfoData. cs 类的访问修饰符应该设为 public，这样才可以被其他层的类访问。定义 StudentInfoData. cs 类的形式如下所示：

```
public class StudentInfoData
{
}
```

StudentInfoData 类中主要进行属性的设置。各个属性对应数据库 StudentInfo 表中的相应字段。主要程序代码包含 7 个内部变量。

设置学号的内部变量为字符串类型的 sno；学生姓名的内部变量为字符串类型的 sname；性别的内部变量为字符串类型的 sex；出生日期的内部变量为字符串类型的 birthday；住址的内部变量为字符串类型的 address；电话的内部变量为字符串类型的 tel；班级号的内部变量为字符串类型的 classid。其定义的代码如下所示：

```
private string sno = "";
private string sname = "";
private string sex = "";
private string birthday = "";
private string address = "";
private string tel = "";
private string classid = "";
```

定义 7 个公共属性，分别是 string 类型的 Sno、string 类型的 Sname、string 类型的 Sex、string 类型的 Birthday、string 类型的 Address、string 类型的 Tel、string 类型的 Classid。使用 get 访问器来返回所对应的内部变量的值，使用 set 访问器来设置所对应的内部变量的值。其代码如下所示：

```
    //学号
    public string Sno
    {
        get{    return sno;    }
        set{    sno = value;  }
    }
    //学生姓名
    public string Sname
    {
        get{  return sname;  }
        set{  sname = value;  }
    }
```

```
    //学生性别
    public string Sex
    {
        get{  return sex;  }
        set{  sex = value;  }
    }
    //出生日期
    public string Birthday
    {
           get{  return birthday;  }
           set{  birthday = value;  }
    }
    //地址
    public string Address
    {
        get{  return address;  }
        set{  address = value;  }
    }
    //电话号码
    public string Tel
    {
        get{  return tel;  }
        set{  tel = value;  }
    }
    //班级名称
    public string Classid
    {
        get{  return classid}
        set{  classid = value;  }
    }
```

4.4.2 任务2:班级信息类

班级信息类ClassInfoData.cs主要针对班级信息的实体定义。

ClassInfoData.cs类的访问修饰符应该设为public,设置为公开的,这样才可以被其他层的类访问。定义ClassInfoData.cs类的形式如下所示:

```
public class ClassInfoData
{
}
```

ClassInfoData 类中主要进行属性的设置。各个属性对应数据库 ClassInfo 表中的相应字段。主要程序代码包含 4 个内部变量。

设置班级编号的内部变量为字符串类型的 classid；专业编号的内部变量为字符串类型的 specialtyid；班级人数的内部变量为整型的 studentnumber；备注信息的内部变量为字符串类型的 remark。其定义的代码如下所示：

```
private string classid = "";
private string specialtyid = "";
private int studentnumber;
private string remark = "";
```

定义 4 个公共属性，分别是 string 类型的 Classid、string 类型的 Specialtyid、int 类型的 Studentnumber、string 类型的 Remark。使用 get 访问器来返回所对应的内部变量的值，使用 set 访问器来设置所对应的内部变量的值。其代码如下所示：

```
    //班级号
    public string Classid
    {
        get{  return classid;  }
        set{  classid = value;  }
    }
    //专业代码
    public string Specialtyid
    {
        get{  return specialtyid;  }
        set{  specialtyid = value;  }
    }
    //班级人数
    public int Studentnumber
    {
        get{  return studentnumber;  }
        set{  studentnumber = value;  }
    }
    //备注
    public string Remark
    {
        get{  return remark;  }
        set{  remark = value;  }
    }
```

4.4.3　任务3:课程信息类

班级信息类 CourseInfoData. cs 主要是针对课程信息的实体定义。

CourseInfoData. cs 类的访问修饰符应该设为 public,这样才可以被其他层的类访问。定义 CourseInfoData. cs 类的形式如下所示:

```
public class CourseInfoData
{
}
```

CourseInfoData 类中主要进行属性的设置。各个属性对应数据库 CourseInfo 表中的相应字段。主要程序代码包含 6 个内部变量。

设置课程编号的内部变量为字符串类型的 kcid;课程名字的内部变量为字符串类型的 kcname;实验学时的内部变量为整型的 periodexpriment;授课学时的内部变量为整型的 periodteaching;学分的内部变量为浮点型的 credit;课程类型的内部变量为字符串类型的 coursetype。其定义的代码如下所示:

```
private string kcid = "";
private string kcname = "";
private int periodexpriment;
private int periodteaching;
private float credit;
private string coursetype = "";
```

定义 6 个公共属性,分别是 string 类型的 Kcid、string 类型的 Kcname、int 类型的 Periodexpriment、int 类型的 Periodteaching、float 类型的 Credit、string 类型的 Coursetype。使用 get 访问器来返回所对应的内部变量的值,使用 set 访问器来设置所对应的内部变量的值。其代码如下所示:

```
    //记录课程号
    public string Kcid
    {
        get{  return kcid;  }
        set{  kcid = value;  }
    }
    //记录课程名称
    public string Kcname
    {
        get{  return kcname;  }
        set{  kcname = value;  }
```

```
}
//记录课程实验学时
public int Periodexpriment
{
    get{  return periodexpriment;  }
    set{  periodexpriment = value;  }
}
//记录课程讲课学时
public int Periodteaching
{
    get{  return periodteaching;  }
    set{periodteaching = value;  }
}
//记录课程的学分
public float Credit
{
    get{  return credit;  }
    set{  credit = value;  }
}
//记录课程类型
public string Coursetype
{
    get{  return coursetype;  }
    set{  coursetype = value;  }
}
```

4.4.4 任务4:专业信息类

专业信息类 SpecialtyInfoData. cs 主要针对专业信息的实体定义。

SpecialtyInfoData. cs 类的访问修饰符应该设为 public,这样才可以被其他层的类访问。定义 SpecialtyInfoData. cs 类的形式如下所示:

```
public class SpecialtyInfoData
{
}
```

SpecialtyInfoData 类中主要进行属性的设置。各个属性对应数据库 SpecialtyInfo 表中的相应字段。主要程序代码包含 2 个内部变量。

设置专业编号的内部变量为字符串类型的 specialtyid;专业名字的内部变量为字符串类型的 specialtymc。其定义的代码如下所示:

```
private string specialtyid = "";
private string specialtymc = "";
```

定义2个公共属性,分别是string类型的Specialtyid、string类型的Specialtymc。使用get访问器来返回所对应的内部变量的值,使用set访问器来设置所对应的内部变量的值。其代码如下所示:

```
//专业代码
public string Specialtyid
{
    get{  return specialtyid;}
    set{  specialtyid = value;}
}
//专业名称
public string Specialtymc
{
    get{  return specialtymc;}
    set{  specialtymc = value;}
}
```

4.4.5 任务5:教师信息类

教师信息类TeacherInfoData.cs主要针对教师信息的实体定义。

TeacherInfoData.cs类的访问修饰符应该设为public,这样才可以被其他层的类访问。定义TeacherInfoData.cs类的形式如下所示:

```
public class TeacherInfoData
{
}
```

TeacherInfoData类中主要进行属性的设置。各个属性对应数据库TeacherInfo表中的相应字段。主要程序代码包含6个内部变量。

设置教师编号的内部变量为字符串类型的teaid;教师名字的内部变量为字符串类型的teaname;教师性别的内部变量为字符串类型的teasex;教师生日的内部变量为字符串类型的teabirthday;教师电话的内部变量为字符串类型的teaoffice;教师住址的内部变量为字符串类型的address。其定义的代码如下所示:

```
private string teaid = "";
private string teaname = "";
private string teasex = "";
private string teabirthday = "";
```

```
private string teaoffice = "";
private string address = "";
```

定义 6 个公共属性,分别是 string 类型的 Teaid、string 类型的 Teaname、string 类型的 Teasex、string 类型的 Teabirthday、string 类型的 Teaoffice、string 类型的 Address。使用 get 访问器来返回所对应的内部变量的值,使用 set 访问器来设置所对应的内部变量的值。其代码如下所示:

```
    //教师编号
    public string Teaid
    {
        get{  return teaid;}
        set{  teaid = value;}
    }
    //教师姓名
    public string Teaname
    {
        get{  return teaname;}
        set{  teaname = value;}
    }
    //教师性别
    public string Teasex
    {
        get{  return teasex;}
        set{  teasex = value;}
    }
    //教师出生日期
    public string Teabirthday
    {
        get{  return teabirthday;}
        set {  teabirthday = value;}
    }
    //教师办公室电话
    public string Teaoffice
    {
        get{  return teaoffice;}
        set{  teaoffice = value;}
    }
```

```
    //教师住址
    public string Address
    {
        get{  return address;}
        set{  address = value;}
    }
```

4.4.6　任务6:用户信息类

用户信息类 UserInfoData. cs 主要针对用户信息的实体定义。

UserInfoData. cs 类的访问修饰符应该设为 public,这样才可以被其他层的类访问。定义 UserInfoData. cs 类的形式如下所示:

```
public class UserInfoData
{
}
```

UserInfoData 类中主要进行属性的设置。各个属性对应数据库 UserInfo 表中的相应字段。主要程序代码包含 3 个内部变量。

设置用户名的内部变量为字符串类型的 userid;用户密码的内部变量为字符串类型的 userpwd;用户身份的内部变量为字符串类型的 userlevel。其定义的代码如下所示:

```
private string userid = "";
private string userpwd = "";
private string userlevel = "";
```

定义 3 个公共属性,分别是 string 类型的 Userid、string 类型的 Userpwd、string 类型的 Userlevel。使用 get 访问器来返回所对应的内部变量的值,使用 set 访问器来设置所对应的内部变量的值。其代码如下所示:

```
    //登录用户名
    public string Userid
    {
        get{  return userid;}
        set{  userid = value;}
    }
    //登录用户密码
    public string Userpwd
    {
        get{  return userpwd;}
        set{  userpwd = value;}
    }
```

```
    //登录用户身份
    public string Userlevel
    {
        get{     return userlevel;  }
        set{  userlevel = value;}
    }
```

4.4.7 任务7:用户权限类

用户权限类 Constants. cs 主要针对用户权限的实体定义。

Constants. cs 类的访问修饰符应该设为 public，这样才可以被其他层的类访问。定义 Constants. cs 类的形式如下所示：

```
public class Constants
{
}
```

Constants 类中主要进行属性的设置。主要程序代码包含 2 个内部变量。

设置用户名的内部变量为字符串类型的 username；用户权限的内部变量为字符串类型的 userlevel。其定义的代码如下所示：

```
private static string username = "";
private static string userlevel = "";
```

定义 2 个公共属性，分别是 string 类型的 Username、string 类型的 Userlevel。使用 get 访问器来返回所对应的内部变量的值，使用 set 访问器来设置所对应的内部变量的值。其代码如下所示：

```
    //获取用户名
    public static string Username
    {
        get{  return username;}
        set{  username = value;}
    }
    //获取用户身份
    public static string Userlevel
    {
        get{  return userlevel;}
        set{  userlevel = value;}
    }
```

4.4.8　任务8:成绩信息类

成绩信息类 StuGradeData. cs 主要针对成绩信息的实体定义。

StuGradeData. cs 类的访问修饰符应该设为 public,设置为公开的,这样才可以被其他层的类访问。定义 StuGradeData. cs 类的形式如下所示:

```
public class StuGradeData
{
}
```

StuGradeData 类中主要进行属性的设置。各个属性对应数据库 StuGrade 表中的相应字段。主要程序代码包含 6 个内部变量。

设置学生学号的内部变量为字符串类型的 sno;课程编号的内部变量为字符串类型的 cno;平时成绩的内部变量为浮点类型的 gradepeacetime;实验成绩的内部变量为浮点类型的 grade-expriment;期末成绩的内部变量为浮点类型的 gradelast;总成绩的内部变量为浮点类型的 grade。其定义的代码如下所示:

```
private string sno = "";
private string cno = "";
private float gradepeacetime;
private float gradeexpriment;
private float gradelast;
private float grade;
```

定义 6 个公共属性,分别是 string 类型的 Sno、string 类型的 Cno、float 类型的 Gradepeace-time、float 类型的 Gradeexpriment、float 类型的 Gradelast、float 类型的 Grade。使用 get 访问器来返回所对应的内部变量的值,使用 set 访问器来设置所对应的内部变量的值。其代码如下所示:

```
    public string Sno//学生的学号
    {
        get{  return sno;}
        set{  sno = value;}
    }
    public string Cno        //课程号
    {
        get{  return cno;}
        set{  cno = value;  }
    }
  public float Gradepeacetime   //平时成绩
  {
```

```
        get  {return gradepeacetime;}
        set{  gradepeacetime = value;  }
    }
    public float Gradeexpriment   //实验成绩
    {
        get{  return gradeexpriment;}
        set{  gradeexpriment = value;}
    }
    public float Gradelast        //期末成绩
    {
        get{    return gradelast;}
        set{  gradelast = value;}
    }
    public float Grade        //总成绩
    {
        get  {  return grade;  }
        set{  grade = value;  }
    }
```

4.5 本项目实施过程中可能出现的问题

本项目的实施内容，主要是创建学生成绩管理系统中所使用的实体类。但是在项目实施过程中，会存在或多或少的问题。主要问题如下所示：

1. 定义类的公开问题

在定义所有实体类的时候，由于该实体类要在 Windows 界面的设计和应用过程中进行调用，因此需要创建类的时候，设置该类的属性为 public，否则无法进行调用。

2. 定义实体类中的变量和属性的问题

在定义每一个实体类的变量和属性的时候，需要注意的问题就是实体类中的变量都定义成私有变量，然后通过公开的属性的 get 和 set 访问器读写私有变量的值，不要公开变量。

3. 定义公开属性的类型问题

在定义变量和属性的类型的时候，需要特别注意的问题就是定义的私有变量、公开属性和数据表里的字段类型要匹配，避免输入时出现问题。

4.6 后续项目

定义了学生成绩管理系统中的所有实体类，包含了数据表中的所有字段的应用。在定义了所有的实体类之后，需要定义所有针对这些数据的数据访问类和方法。

子项目 5

学生成绩管理系统数据访问方法

5.1 项目任务

在本子项目中要完成以下任务:

创建学生成绩管理系统中的各个操作类

具体任务指标如下:

创建学生成绩管理系统的操作类:DataAccess 类、ClassInfoOperation 类、CourseInfoOperation 类、SpecialtyOperation 类、StudentInfoOperation 类、StuGradeOperation 类、TeacherInfoOperation 类和 UserInfoOperation 类

5.2 项目的提出

针对数据表中的数据信息进行实体类的定义之后,需要对这些数据表中的内容,定义针对数据的增、删、改和查等数据访问操作类。

5.3 实施项目的预备知识

预备知识的重点内容:

1. 掌握流程控制的使用方法和注意事项
2. 掌握异常处理的语法和使用方法
3. 重点掌握面向对象中的高级应用
4. 重点掌握数据库访问技术 ADO. NET

关键术语:

条件判断控制:判断条件的真伪,然后依真伪的情形至指定的地方去执行程序。

回圈控制(循环):程序依指定的条件做判断,若条件成立,则进入回圈执行回圈内的动作。每执行完一次回圈的内动作,回头做一次条件判断,直到条件不成立才结束回圈。

无条件跳跃:当程序执行到无条件跳跃叙述时,立即依该叙述的指示跳到目的位置执行。

由于无条件跳跃的强制性,无法由程序本身看出其前因后果,造成阅读及侦错的困难,一般也都尽量不用。

异常处理:又称为错误处理,该功能提供了处理程序运行时出现的任何意外或异常情况的方法。异常处理使用 try、catch 和 finally 关键字来尝试可能未成功的操作,程序处理失败情况,以及在事后清理资源。

ADO. NET:名称起源于 ADO(ActiveX Data Objects),这是一个广泛的类组,用于在以往的 Microsoft 技术中访问数据。之所以使用 ADO. NET 名称,是因为 Microsoft 希望表明,这是在 . NET 编程环境中优先使用的数据访问接口。它提供了平台互用性和可伸缩的数据访问。ADO. NET 增强了对非连接编程模式的支持,并支持 RICH XML。由于传送的数据都是 XML 格式的,因此任何能够读取 XML 格式的应用程序都可以进行数据处理。事实上,接收数据的组件不一定是 ADO. NET 组件,它可以是基于一个 Microsoft Visual Studio 的解决方案,也可以是运行在其他平台上的任何应用程序。

预备知识的内容结构:

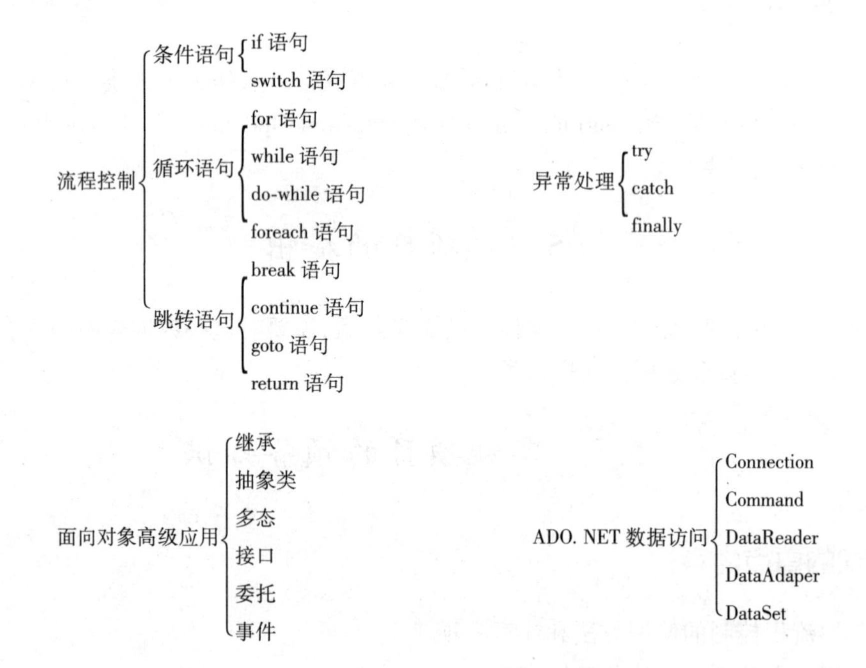

预备知识:

5.3.1 流程控制

流程控制用来设计程序的逻辑关系。根据不同的条件,执行不同的步骤。本节详细介绍 C#中的流程控制语句,学习如何开始写完整的代码。

1. 条件分支语句

C#中条件分支语句的用法与其他语言的类似,使用时注意 else 应和最近的 if 语句匹配。

(1)if 语句

if 语句根据条件判断代码该执行哪个分支,可提供两个或两个以上的分值供代码选择,但每次只会执行一个分支。

最常用的是两个分支的 if 语句,语法如下所示。

```
if(条件)
{    代码… }
else
{    代码… }
```

图 5.1 演示了两个分支 if 语句的执行过程。

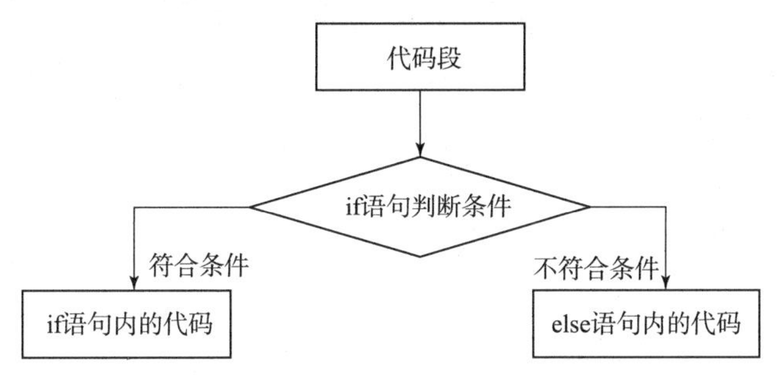

图 5.1 两个分支 if 语句的执行过程

如果需要判断多个条件,也可以使用更多的分支,语法如下所示。

```
if(条件)
{    代码… }
else if(条件)
{    代码… }
else if(条件)
{    代码… }
else
{    代码… }
```

图 5.2 演示了多个分支 if 语句的执行过程。

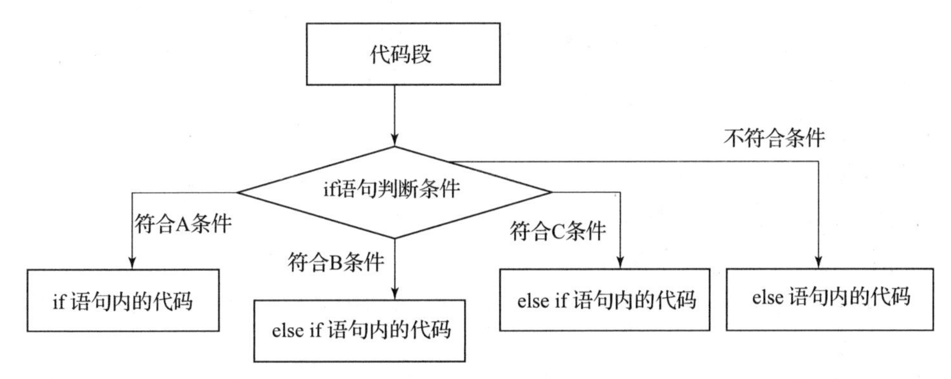

图 5.2 多个分支 if 语句的执行过程

(2)switch 语句

当判断的条件比较多时,使用 if - else 语句会让程序变得难以阅读,而 switch 语句则提供了一个相当简洁的语法,用以处理复杂的条件判断。

switch 语句也是一个多条件判断语句,当代码执行到此语句时,根据"case"语句的条件,逐个判断变量的值,满足条件的则进入相对应的"case"代码段;如果没有满足任何"case"条件,则进入"default"语句,执行默认代码段。switch 语句的语法如下所示,其中每个"case"代码段内都必须带有一个"break;"语句,用来从当前分支条件中跳出。

```
switch(条件)
{
    case 值:…;break;
    case 值:…;break;
    default:…;break;
}
```

图 5.3 演示了 switch 语句的执行过程。

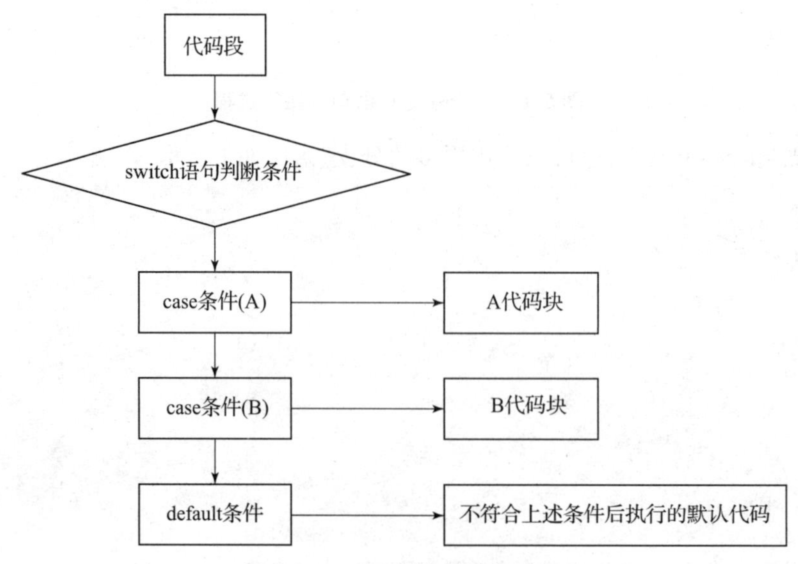

图 5.3　switch 语句的执行过程

使用 switch 语句时,不需要使用花括号将居于序列括起来,但是每个居于序列中的最后一句要么是 break 语句,要么是 goto 语句(强烈建议:不到万不得已,尽量不要使用 goto 语句,否则在编译时会提示错误)。

case 后的常量表达式可以使用 string、integer、char、enum 或其他自定义类型。特别是常量表达式可以是 string 类型,给程序员带来了很大的方便。

switch 语句按照下面的顺序执行:

①只要有一个 case 标记后指定的值等于 switch 语句中指定的判断条件,就会转到该 case 标记下的程序段。

②如果没有任何 case 标记后指定的值等于 switch 语句中指定的判断条件,则跳到 default

标记下的程序代码执行。

③如果 switch 语句下面没有 default 标记，则跳到 switch 语句的结尾。

另外，值得特别注意的是，当找到符合表达式值的 case 标记时，如果其后有语句序列，则它只会执行此 case 块中的语句序列，不会再对其他的 case 标记进行判断，所以要求每个语句序列的最后一条语句必须是 break 语句。但是有一种情况例外：如果某个 case 为空，则会从这个 case 直接跳到下一个 case 块上。

还有一点需要说明：如果 case 后有语句，则此 case 的顺序怎么放都无所谓，甚至可以将 default 子句放到最上面。因此，在一个 switch 中，不能有相同的两个 case 常量。

2. 循环与跳转语句

C#中的循环语句有：for 语句、while 语句、do－while 语句、foreach 语句。其中 foreach 主要用于对集合进行操作。跳转语句用于无条件转移到某处继续执行，用于跳转的语句有：break 语句、continue 语句、goto 语句、return 语句等。

(1)循环语句

1)while 语句

while 语句一般用于循环次数不定的场合，它的一般形式为：

```
while(条件)
{   代码;    }
```

在条件为 true 的情况下，会重复执行循环体内的程序，直到条件为 false 为止。显然，循环体内的程序可能会执行 0 到多次。while 语句的执行过程如图 5.4 所示。

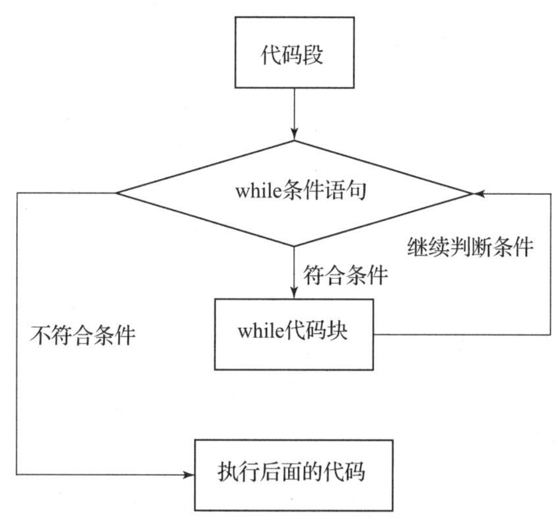

图 5.4　while 语句的执行过程

2)do－while 语句

do－while 语句也是用来重复执行循环体内的程序，其一般形式为：

```
do
{
```

```
    代码;
}while(条件);
```

与 while 语句不同的是，do－while 语句循环体内的程序至少会执行一次，然后再判断条件是否为 true，如果条件为 true，则继续循环。

3）for 语句

for 语句的功能是先计算初始表达式的值，每次循环开始时再判断条件是否为真，如果条件为真，则执行循环体，并在每次循环结束时执行控制循环次数的控制语句。

for 语句的一般形式为：

```
for(初始值;循环条件;循环控制)
{
        循环代码;
}
```

for 语句的执行过程如图 5.5 所示。

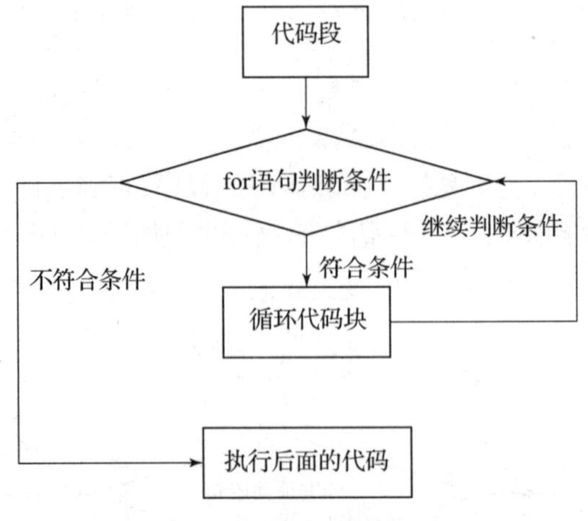

图 5.5　for 语句的执行过程

4）foreach 语句

foreach 语句用于逐个提取集合的元素，对集合中每个元素执行{语句}中的操作，特别适合对集合（Collection）对象的存取。foreach 语句的一般形式为：

```
foreach(类型  标识符  in  表达式)
{       代码;     }
```

注意：表达式必须属于集合类型。

（2）跳转语句

1）break 语句

功能：退出最近的 switch、while、do－while、for 或 foreach 语句。

格式：break；

break 可以中断当前正在执行的循环，并跳出循环。

2)continue 语句

功能:将控制传递给下一个 while、do - while、for 或 foreach,但不退出循环。

格式:continue;

continue 表示继续执行当前的循环,而后面的代码无须执行,即重新开始循环。

3)goto 语句

功能:将控制转到由标签标记的语句。

格式:goto 标识符;

注意:虽然 goto 语句使用比较方便,但是容易引起逻辑上的混乱,因此,除了在 switch 语句中必须从一个 case 跳到另一个 case 的情况下可以使用 goto 语句外,其他情况下最好不要使用 goto 语句。

4)return 语句

功能:将控制返回到出现 return 语句的函数成员的调用方。

格式:return[表达式];

其中表达式为可选项。

5.3.2 异常处理

异常是指应用程序运行时遇到的错误或程序意外的行为。如,在运算中除以 0 的操作,调用代码或程序代码中有错误,操作系统资源不可用等。异常处理则是在应用程序发生异常情况时,采取什么样的操作,是继续程序的执行,还是中断用户的操作。

为了捕捉和处理异常,C#提供了 3 个关键字:try、catch 和 finally。try 后面紧跟需要执行的代码块,这称为一个 try 块。catch 捕捉 try 代码块中可能发生的异常,并调用合适的异常处理器进行异常的处理,称为 catch 块。finally 是不管异常是否被处理都必须执行的代码块,称为 finally 块。

一个典型的异常处理结果为:

```
try
{
        //try 块
        //在这一区块中放置需要被执行的程序代码。
}
catch(exception ex)
{
        //catch 块
        /* exception 表示异常处理器,可以为系统缺省的异常处理器,也可以是用户
自定义的异常处理器 */
}
catch(customexception ex)
{
```

```
        //catch 块
        /* exception 表示异常处理器,可以为系统缺省的异常处理器,也可以是用户
自定义的异常处理器 */
    }
    finally
    {
        //finally 块
        /* 它在每次块退出时都执行,不论退出是由正常控制流引起的还是由未处理的异
常引起的。*/
    }
```

1. try/catch 块

在开发应用程序时，可以假定任何代码块都可能引发异常，特别是 CLR 运行库本身可能引发异常。比如 OutOfMemoryException、StackOverflowException 异常。在一些情况下，可能会使用 if 语句检测引发异常的条件。比如一个除法运算，在执行前检测被除数是否为 0，如果是，则提示用户除法运算失败。

使用 try/catch 块能够有效避免 if 语句块的不足，通过将可能会产生异常的代码放置于 try 块中，在 catch 块中追踪可能会产生的异常，还可以在 catch 块中捕捉应用程序的全局异常。并且 . NET 为异常处理提供了编译时支持，因此使用 try/catch 块是比较好的选择。

2. try/catch/finally 块

不论是否捕捉到异常，finally 块中的代码一定会执行。举个例子，在处理文件时，如果打开了一个文件，执行一些写入操作，这时候发生了致命错误。由于 catch 块捕捉到异常后，控制权会直接跳转到异常处理结尾，那么这时候这个打开的文件一直没有被关闭。显示这会造成资源占用，如果文件是以独占的方式被打开的，其他操作将无法顺利进行。另外一个比较常见的例子是数据库操作。如果正在执行一个行级锁定更新时发生了异常，那么这会导致这个锁一直不能被释放，继而影响到其余的步骤无法顺利进行。

使用 finally 块可以清除 try 中分配的任何资源，以及运行任何即使在发生异常时也必须执行的代码。代码控制权最终总是传递给 finally 块，与 try 块的推出方式无关。因此，finally 块提供了一种保证资源清理或者是资源恢复的机制。

3. throw 语句

有时候在方法中出现了异常，不一定要立即把它显示出来，而是把这个异常抛出，并让调用这个方法的程序进行捕捉和处理，这时可以使用 throw 语句。它的格式为：

```
throw[表达式];
```

可以使用 throw 语句抛出表达式的值。注意，表达式类型必须是 System. Exception 或从 System. Exception 派生的。

throw 也可以不带表达式，不带表达式的 throw 语句只能用在 catch 块中。在这种情况下，它重新抛出当前正在由 catch 块处理的异常。

4. 预定义异常的类

在讨论 catch 语句块时，提到过两个异常类：DivideByZeroException 和 Exception 类。System. Exception 是 DivideByZeroException 的基类，也是所有其他异常类的基类。

在 System. Exception 基类之后，又分了两种类型的异常：从 SystemException 派生的预定义 CLR 异常类；从 ApplicationException 派生的用户定义的应用程序异常类。如果要定义自己的异常类或者建立自定义的异常体系，需要从 ApplicationException 类中派生。SystemException 类中的异常是 CLR 预定义的异常类。

表 5.1 对 SystemException 中比较常用类进行了介绍，更多的异常类信息可以参考 . NET 中的文档。

表 5.1　. NET 预定义的异常类

异常类	描　述
System. ArgumentException System. ArgumentNullException System. ArgumentOutOfRangeException	表示当方法中的参数无效时引发该异常。 ArgumentNullException：表示向不接受 null 的参数传递一个 null 值时，引发异常。 ArgumentOutOfRangeException：表示向参数传递超出指定的范围的值时，将引发该异常
System. AccessViolationException	如果试图访问或者是读写受保护内存时引发的异常
System. ArithmeticException System. DivideByZeroException System. NotFiniteNumberException System. OverflowException	在运算、类型转换或转换操作中发生错误而引发的异常。 DivideByZeroException：被零除时引发异常。 NotFiniteNumberException：当浮点数为正无穷大、负无穷小或非数字时引发的异常。 OverflowException：在算术运算、类型转换或者是转换操作导致溢出时引发的异常
System. Collections. Generic. KeyNotFoundException	使用集合中不存在的键从该集合中检索元素
System. Data. DataException System. Data. ConstraintException System. Data. InvalidConstraintException System. Data. MissingPrimaryKeyException System. Data. ReadOnlyException	表示使用 ADO. NET 组件发生错误时引发的异常。 ConstraintException：表示在尝试执行违反约束的操作时引发的异常。 InvalidConstraintException：表示在不正确地尝试创建或访问关系时引发的异常。 MissingPrimaryKeyException：表示在尝试访问没有主键的表中的行时引发的异常。 ReadOnlyException：表示在尝试更改只读列的值时引发的异常
System. IO. IOException System. IO. DirectoryNotFoundException System. IO. DriveNotFoundException System. IO. EndOfStreamException System. IO. FileLoadException System. IO. FileNotFoundException System. IO. PathTooLongException	发生 I/O 错误时引发的异常。 DirectoryNotFoundException：表示找不到文件或目录时所引发的异常。 DriveNotFoundException：表示访问的驱动器或共享不可用时引发的异常。 EndOfStreamException：表示读操作试图超出流的末尾时引发的异常。 FileLoadException：表示找到托管程序集却不能加载它时引发的异常。 FileNotFoundException：表示访问磁盘上不存在的文件时引发的异常。 PathTooLongException：表示指定的路径、文件名或者两者都超出了系统定义的最大长度

System. Exception 具有一些属性，提供了关于引发异常时产生的一些信息，例如错误代码位置、异常描述信息等。在捕捉异常时，可以利用这些信息进行错误的处理。或者为用户提供关于异常的描述信息。表 5.2 列出了 System. Exception 的属性列表。

表 5.2　System. Exception 属性列表

属性	类型	描　述
Message	String	描述错误的可读文本。当异常发生时，运行库产生文本消息，通知用户错误的性质并提供解决该问题的操作建议
Data	IDictionary	使用由 Data 属性返回的 System. Collections. IDictionary 对象来存储和检索与异常相关的补充信息。
Source	String	产生异常的程序集的名称。
StackTrace	String	发生异常时调用堆栈的状态。StackTrace 属性包含可以用来确定代码中错误发生位置的堆栈跟踪，对于调试来说，这是非常有用的信息
TargetSite	MethodBase	抛出异常的方法
HelpLink	String	获取或设置异常的关联帮助文件的链接
InnerException	Exception	创建对以前的异常进行捕捉的新异常。处理第二个异常的代码可利用前一个异常的其他信息更适当地处理错误。如果不存在前一个异常，则为 null

下面举一个使用这些属性的例子，图 5.6 显示了这个例子的数据流程图。在这个示例中，RunMethod 调用 Method2，Method2 调用 Method1。Method1 抛出一个异常，Method2 捕获异常并将 Method1 中的异常传递给 RunMethod 方法，RunMethod 调用 Exception 类的属性在用户界面显示异常的信息。

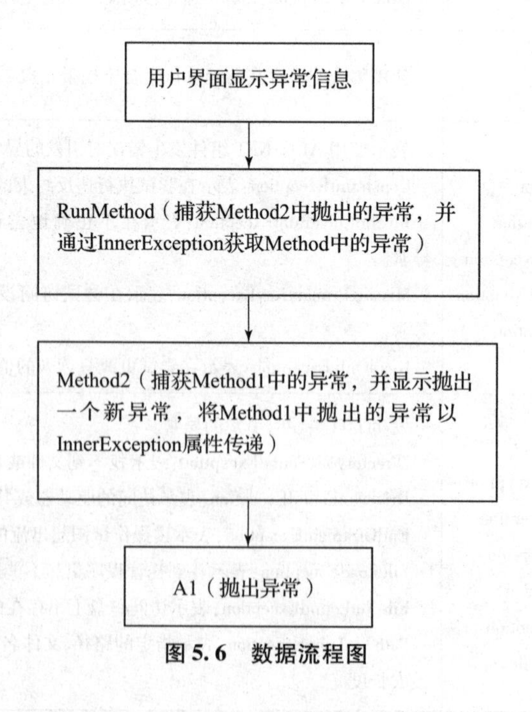

图 5.6　数据流程图

5. 处理异常

在前面的小节中,已经详细介绍了C#提供的异常处理关键字,本节将讨论如何在.NET中处理异常。

(1)处理多个异常

如果try块中的语句有可能引发多种类型的异常,那么需要在catch块捕捉这些异常并进行相应的处理。

再以除法运算作为例子,例如下面的示例代码。

```
static void MorecatchMethod(int x,int y)
{
        try
        {
            x/y;
        }
        catch(DivideByZeroException ex)
        {
                //异常处理代码
        }
        catch(ArgumentNullException ex)
        {
                //异常处理代码
        }
        catch(Exception ex)
        {
                //异常处理代码
        }
}
```

try块中包含了可能产生异常的代码,当异常引发时,第一个catch块捕捉try块中产生的异常,如果异常类型与catch块中的异常相匹配,在本例中则指如果异常类型为Divide-ByZeroException,那么执行权跳转到第一个catch块中的代码,执行完毕后,跳出异常处理程序块。如果异常类型不匹配,则跳转到下一个catch块,依序下去,直到跳转到最后一个catch块。如果所有的异常都不匹配,则交由CLR接管异常处理。这种层次式匹配异常的方式称为异常筛选。

在设计多个异常处理时,应将具体异常类放在前面,而将基础异常类放在最后面。在示例代码中,最后一个catch块的类型为Exception,本章已经讨论过,这个类是所有异常类的基类。因此,try块中的代码如果不匹配任何具体异常,那么最终将会被Exception捕获。

C#编译器对异常筛选提供了支持,如果非要将一个基础异常类放在具体异常类的前面,编译器将弹出警告信息。

(2)处理和传递异常

System. Exception 类定义了几个在处理异常时相当有用的属性。Exception 类有一个属性：InnerException，这是一个 Exception 类型的属性，表示当前所抛出异常中所内含的另一个异常，在 C#的异常处理中使用这个属性可以进行异常传递。

(3)从异常中恢复

无论异常是否引发，finally 块中的代码都一定会执行。因此，可以在这个代码块中进行一些清理资源和恢复的工作，比如应用程序状态恢复、将打开的文件关闭、关闭数据库连接等操作。

在 catch 语句块中，如果能够确知 try 块中的代码将会引发哪种类型的异常，可以在 catch 块中执行异常恢复的代码；如果不能确知哪种类型的异常将会被触发，可以使用不带任何表达式的 catch 语句。

在异常恢复的代码执行完成后，再显示抛出异常，让调用方能够捕获到该异常并进行相应的处理操作，这种类型的操作也可以称为异常回滚。

举例来说，如果正在对两个文件同时执行写操作，如果对第一个文件的写操作已经完成，执行到对第二个文件的写操作时，抛出了异常。假设程序要求两个文件必须全部写入成功，只要有一个文件的写入失败，就该回滚对第一个文件的写入，这好比是一个数据库的事务。

6. 设计自己的异常

如果系统提供的异常类已经不能够满足语言系统开发的需要，或者开发团队需要一套自定义异常处理机制，可以创建自定义的异常类。

为创建自定义异常类，可以直接或间接地继承自 ApplicationException 类的应用。自定义异常类应用有良好的命名，一般建议的名称是：错误的描述性名称 + Exception。自定义异常类应用定义 3 个构造函数：默认构造函数，接收错误消息的构造函数，接收错误消息和内部异常对象的构造函数。

5.3.3 面向对象高级应用

继承、多态及接口是面向对象的编程中三个非常重要的技术。在 C#中，除了具有继承、多态与接口等基本功能外，还增加了其他方面的高级功能，比如委托、事件、反射、组合、多线程编程及非控代码的互操作等。本节主要介绍常用的内容。

继承是指类能够从它的父类中继承其中所有的数据和功能。

抽象类是类的抽象概述，仅提供类的定义，而不提供类的具体实现细节。抽象类的实现交由派生类来完成。

多态可以为一个类或接口提供多种不同的行为。

接口提供了一份契约。与抽象类相似，接口是不能被实例化的；与抽象类不同的是，接口并不提供任何的实现。

委托是一种数据结构，是完全的面向对象且使用安全的类型。

事件是指当对象发生某些事情时，向其他对象提供通知的一种方法。在 C#中，事件是通过委托实现的。

1. 继承

继承(Inheritance)是指类能够从它的父类中继承其中所有的数据和功能。或者说,使用继承可以使类能够自动拥有其父类中的数据和功能,并能随心所欲地使用或调用这些数据和功能。通过继承,程序员能够直接享用他人或自己事先写好的功能,而不必从头开始、从无到有地去编写类;也可以将这个类作为基类,以用于生成一个新的类。

在C#中,作为基础、被继承的类称为基类(Base Class),继承自别的类的子类称为扩充类(Derived Class)。

C#语言提供了两种实现继承的方式:类继承和接口继承。类继承只允许单一继承,即只有一个基类。因为单一继承已经能够满足大多数面向对象应用程序开发上的要求,也有效地降低了复杂性。如果必须使用多重继承,可以使用接口继承来实现。

需要注意的是,继承是非常有用的编程概念,但使用不当也会带来一些负面的效果。下列情况下可以使用类继承:

①扩充类与基类的关系是“属于”关系而不是“具有”关系。“具有”关系的类不适合使用类继承,因为这样可能会继承不适当的属性和方法。

②可以重用基类的代码。例如,如果一个数据库中有多个结构相同或者相似的表,对每一个表都设计添加、删除、修改等处理显然既费时又容易出错,这时使用类继承就是比较好的选择。

③需要将相同的类和方法应用到不同的数据类型。这时可以利用重写基类中的某些方法来实现。

④类层次结构相当浅,并且其他开发人员不可能添加太多的级别。继承最适合相对较浅的类层次结构。一般来说,应将层次结构限制在六级或更少级别。

⑤需要通过更改基类对派生类进行全局更改。继承的一个最强大的功能是在基类中进行的更改将自动传播到派生类中。例如,更新一个方法的实现,从而几十甚至上百个派生类都可以自动使用该新代码。但是,一般情况下,应避免更改基类成员的名称或类型,因为这样容易导致使用原成员的扩充类时出现问题。

(1)实现类继承的方法

要声明一个类是从另一个类继承而来的,可以使用下面的语法:

```
class 扩充类名称:基类名称
{
        …
}
```

扩充类继承了基类所有的元素,包括在基类中数据的定义(不是数据值)和方法。但是要注意,构造函数排除在外,不会被继承下来。

不过,扩充类并不一定能够用到基类中所定义的所有数据与方法,如基类的 public 成员将会成为扩充类的 public 成员,public 表示允许外部类自由地调用;而基类的 private 成员则只会被基类本身的成员存取,扩充类无法调用基类的 private 成员。

(2)重写基类的方法

如果基类提供的功能不能够满足要求,并且基类允许重写,则可以在扩充类中重新定义基类的方法。在基类中，如果想让某个方法或者事件被扩充类重写，可以使用修饰符 virtual 表明。例如：

```
public virtual void myMethod()
{
        …
}
```

这样，在扩充类中就可以使用修饰符 override 重写该方法或者事件了。例如：

```
public override void myMethod()
{
        …
}
```

在 C#中，定义的方法默认都是非虚拟的(non - virtual)，即不允许重写这些方法。但是基类中的方法使用了 virtual 修饰符以后，该方法就变成了虚拟方法，也就是说，可以在扩充类中重写该方法了。但是必须在扩充类中用 override 表明是重写基类中同名的方法。

使用虚拟方法与重写方法时，需要注意下面几个方面：

①虚拟方法不能声明为静态(static)的。因为静态的方法是应用在类这一层次的，而面向对象的多态性只能在对象上运作，所以无法在类中使用。

②virtual 不能和 private 一起使用。因为声明为 private 就无法在扩充类中重写了。

③重写方法的名称、参数个数、类型及返回值都必须和虚拟方法的一致。

注意：只有使用 override 修饰符时，才能重写基类的方法。否则，在继承的类中声明一个与基类方法同名的方法会隐藏基类的方法。

(3)隐藏基类的方法

在扩充类中，可以使用 new 关键字来隐藏基类的方法，即使用一个完全不同的方法取代旧的方法。

与方法重写不同的是，使用 new 关键字时，并不要求基类中的某个方法。例如，一个类是在一年前由另一组人员设计的，并且已经交给用户使用，可是当时他们在该方法前并没有加 virtual 关键字，也没有这些源代码。这种情况下显示既不能使用 override 重写基类的方法，又无法直接修改基类的方法，这时就需要隐藏基类的方法。

(4)使用 sealed 防止类被继承

有些情况下，可能不想让其他类继承这个类，这时可以使用 sealed 关键字，即通过 sealed 防止类被其他类继承。

同样，sealed 关键字也可以限制基类中的方法被扩充类重写。

(5)版本控制

用 C#编写方法时，如果要在扩充类重写基类的方法，需要用 override 声明；如果要隐藏基类的方法，需要用 new 声明，这就是 C#进行版本控制的依据。

在 C#中，所有的方法默认都是非虚拟的。调用非虚拟方法时，不会受到版本的影响，不管是调用基类的方法还是调用扩充类的方法，都会和设计者预期的一样，执行实现的程序代码。

相比之下，虚拟方法的实现部分可能会因扩充类的重写而影响执行结果。也就是说，在执行时期调用虚拟方法时，它会自动判断应该调用哪个方法。比如，如果基类中声明一个虚拟方法，而扩充类的方法中使用了 override 关键字，则执行时会调用扩充类的方法。如果扩充类的方法没有使用 override 关键字，则调用基类的方法。而没有声明为 virtual 的非虚拟方法，则在编译时就确定了欲调用哪个方法了。

C#在执行时期调用声明为 virtual 虚拟方法时，会动态地决定要调用的方法是定义在基类的方法，还是定义在扩充类中的方法。实际上是根据调用继承的最后实现(most derived implementation)部分的方法来判断的。

2. 抽象类

抽象类的声明中包括 abstract 关键字。abstract 这个词的本意也是抽象、概要的意思。抽象类的存在是为了给派生类提供一种约定。在 C#中的任何类，只要有一个方法具有 abstract 修饰，那么这个类也必须被声明为抽象类。

(1)什么是抽象类

举个例子：去书店买书。这句话描述的就是一个抽象行为。到底是去哪家书店，买什么书。“去书店买书”这句话中，并没有一个买书行为必须包含的确定信息。如果将去书店买书这个动作封装为一个行为类，那么这个类就应该是一个抽象类。C#中规定，类中只要有一个方法声明为抽象方法，这个类也必须声明为抽象类。

把买书的行为抽象为抽象类的样例代码如下所示。

```
public abstract class BuyBookOperate
{
    public abstract void BuyBook();
}
```

在代码中，定义了一个抽象方法 BuyBook，所以 BuyBookOperate 类也必须被声明为抽象类。

抽象类的作用是提供派生类可共享的基类的公共定义。

抽象类的成员不仅有方法，还可包括属性、索引器及事件。

抽象类具有以下特性：

①抽象类不能被实例化。

②抽象类可以包含抽象方法和抽象的访问器。

③不能用 sealed 修饰符修改抽象类，这意味着抽象类不能被继承。

④从抽象类派生的非抽象类，必须包括继承的所有抽象方法和抽象访问器的实现。

⑤在方法或属性声明中使用 abstract 修饰符，以指示方法或属性不包含实现。

抽象方法具有以下特性：

①抽象方法是隐式的虚方法(virtual)。

②只允许在抽象类中使用抽象方法声明。

③因为抽象方法声明不提供实际的实现，所以没有方法体。方法声明是以一个分号结束，并且在签名后没有大括号{}。

④实现由一个重载方法提供，此重载方法是非抽象类的成员。

⑤在抽象方法声明中使用 static 或 virtual 修饰符是错误的。

(2)声明抽象类

在上一小节中，声明了一个抽象的行为类 BuyBookOperate，描述买书这一抽象动作。这个类并没有指定去哪家书店，买什么书，书的大概价格等信息。

在设计和声明一个抽象类时，注意以下几点。

①不要在抽象类中定义公共或内部受保护(internal protected)的构造函数。

②如果需要构造函数，应该在抽象类中声明为受保护(protected)的活内部(internal)构造函数。

③应该至少提供一个该抽象类的具体实现。

④在抽象类中并不是所有的方法都必须是抽象的。

(3)实现抽象方法

要实现一个抽象类，必须继承这个抽象类，在派生类中实现抽象的方法或属性等信息。如果派生类没有为抽象类中的所有抽象方法提供实现，派生类也为抽象的类。

实现抽象方法或抽象属性时，必须使用 override 关键字，否则 VS 2010 将会提示错误。

3. 多态

多态是面向对象编程语言非常重要的特性。利用多态，可以为应用程序增加灵活性，减少代码之间的紧密耦合。基本上每一种面向对象的编程语言都提供了多态性，掌握好多态，是步入面向对象程序设计大门非常重要的一步。

多态是指一个类可以具有多种形态。“多态性”指定义具有名称相同的方法或属性的多个类，这些类具有不同的行为，但共享相同的基类或接口。

客户端代码通过调用这些基类或接口，根据传入的具体类行为的不同，产生不同的行为。大多数面向对象的编程语言通过继承提供多态性，是指在基类中定义方法并在派生类中使用新的实现重写它们。

除了使用抽象类作为多态的基类外，也可以使用具体类，在需要重载的方法声明前加上 virtual 修饰符作为前缀。派生类经由重载这些虚方法，实现多种行为，然后可以使用像上面例子一样的方法来实现多态。

C#语言中支持两种类型的多态性：基于接口的多态性和基于继承的多态性。基于继承的多态性涉及在基类中定义方法并在派生类中重载它们。

多态与重载是紧密相关的。在基于继承的多态中，重载是实现多态的重要手段。所以在 C#程序语言中，如果使用基于继承的多态性，必须利用重载进行实现，这两者是紧密相关的。

4. 接口

接口和抽象类一样，不能被直接实例化。与抽象类不同的是，接口并不提供任何的实现，接口中所有的方法与属性都是抽象的。使用接口的一个强有力的特性是可以利用接口实现多重继承。

(1)什么是接口

接口提供了一种契约，让使用接口的用户必须严格遵守接口提供的约定。举例来说，在组

装电脑时，主板与机箱之间就存在一种标准。不管什么型号的机箱、什么种类的主板，都必须遵照一定的标准来设计制造。所以，在装机时，电脑的零配件都可以与现今的大多数机箱正确匹配，接口就可以看作是这种标准。

接口具有下列属性：

①接口类似于抽象类，继承接口的任何非抽象类型都必须实现接口的所有成员。

②不能直接实例化接口。

③接口可以包含事件、索引器、方法和属性。

④接口不包含方法的实现，而抽象类可以包含方法的实现。

⑤类和结构可从多个接口继承。

⑥接口自身也可以从多个接口继承。

注意：接口不能包含字段。接口成员一定是公共的。

⑦类和结构可以从接口继承，但是与类继承不同。

⑧类或结构可继承多个接口，实现类似于 C ++ 中的多重继承。

⑨当类或结构继承接口时，它继承成员定义，但不继承实现。

(2)声明接口

接口是使用 interface 关键字来声明的，例如声明一个 IComparable 接口，代码如下所示。

```
interface IComparable
{
      int CompareTo(object obj);
}
```

. NET 约定，定义接口时，以 I 作为接口名称的前缀。

为了在 VS 2010 中创建接口，右击“解决方案资源管理器”中的项目文件夹，选择“添加”→“新建项”菜单命令，选择“接口”项目模板。

除了必须用保留字 interface 之外，接口的定义与抽象类的定义相似，在接口中可以包括方法、属性、事件、索引器等。下面的代码声明一个 IBookList 接口，并为接口定义了方法、属性和索引器，代码如下所示。

```
public interface IBookList
{
     //接口中的方法
     void Add(string bookName);
     void Append(string bookName);
     void Remove(int position);
     //接口中的属性
     int count
      {
```

```
        get;
    }
    //索引器
    string this[int index]
    {
        get;
        set;
    }
}
```

上面的示例代码中，接口的声明省略了访问修饰符，因为接口中所有的声明都默认为public级别。

如果强制性地添加不同的访问修饰，VS 2010 会弹出异常信息。

(3)实现接口

前面的示例程序声明了一个 IBookList 接口，本小节介绍如何实现 IBookList 接口。

在下面的示例中定义一个类 BookList，这个类实现了 IBookList 接口。在 C#中，通过在类后面用一个“:”再加接口名称，就可以实现一个接口。当一个类实现某个接口时，VS 2010 会弹出智能提示，提示用户选择隐式实现接口还是显式实现接口。如果选择其中任意一种实现，VS 2010将会为接口生成实现的骨架代码。

骨架代码中所有的方法和属性都抛出一个 Exception 异常。只需要清除这些 Exception 异常代码，输入自己的代码即可。

图 5.7 显示在类名后输出“:”和接口名后，单击接口名下面的小横线图标，弹出的实现接口菜单。

图 5.7 VS 2010 对定义接口的支持

图 5.7 中的第一项“实现接口‘IBookList’”，将使用隐式接口实现方式来实现接口。

显式接口实现为用户提供了一种安全访问接口成员的方法。显式接口实现通过将类成员访问级别隐式地定义为私有，且不能明确地指定访问修饰符。客户端对接口访问的唯一方法就是使用接口前缀。

VS 2010 的代码编辑器提供了对显式和隐式的接口实现的智能支持。如果声明两个具有相同方法签名的接口，当在一个类中同时进行这两个接口实现时，将只对其中一个隐式实现，而另外一个则会要求显式实现。

5. 委托

委托(delegate)是一种数据结构，提供类似于 C ++ 中函数指针的功能。不同的是，C ++ 的函数指针只能够指向静态的方法，而委托除了可以指向静态的方法之外，还可以指向对象实例

的方法。其实,最大的差别在于 delegate 是完全的面向对象且使用安全的类型。另外,delegate 允许编程人员在执行时期传入方法的名称,动态地决定欲调用的方法。

委托的最大特点是,它不知道或不关心自己引用的对象的类。任何对象中的方法都可以通过委托动态地调用,只是方法的参数类型和返回类型必须与委托的参数类型和返回类型相匹配。这使得委托完全适合"匿名"调用。

委托主要用在两个方面:其一是 CallBack(回调)机制;其二是事件处理。

建立和使用 delegate 类型可按照下面的步骤进行。

(1)声明样板

首先要声明一个 delegate 类型:

```
public delegate string MyDelegate(string name);
```

代码中先定义一个 delegate 类型,名为 MyDelegate,它包含一个 string 类型的传入参数 name,一个 string 类型的返回值。当 C#编译器编译这行代码时,会生成一个新的类,该类继承自 System. Delegate 类,而类的名称为 MyDelegate。

从语法形式上看,定义一个委托非常类似于定义一个方法。即

```
访问修饰符　delegate　类型　委托名(参数序列)
```

但是,方法有方法体,而委托没有方法体,因为它执行的方法是在使用委托时动态指定的。

(2)定义准备调用的方法

由于这个方法是通过 delegate 调用的,因此,此方法的参数类型、个数及参数的顺序都必须和 delegate 类型的相同。

下面的程序中定义了两个方法:FunctionA 和 FunctionB。这两个方法的参数和 MyDelegate 的类型一样,有一个 string 类型的传入参数、一个 string 类型的返回值。

```
public static string FuncitonA(string name)
{
        …
}
public static string FunctionB(string name)
{
        …
}
```

(3)定义 delegate 类型的处理函数,并在此函数中通过 delegate 类型调用定义的方法

在下面的例子中,处理函数的功能比较简单,仅仅输出一个字符串,字符串中包含通过 MyDelegate 类型调用的方法得到的输出内容。

```
public static void MethodA(MyDelegate Me)
{
    Console.WriteLine(Me("张三"));
}
```

由于 MyDelegate 类型的定义中有一个 string 类型的传入参数,所以使用时也必须传入一个字符串,即 Me("张三")。

因此,如果 Me 指向的是 FunctionA,则会执行 FunctionA 内的程序代码;如果 Me 指向的是 FunctionB,则会执行 FunctionB 内的程序代码。

(4)创建实例,传入准备调用的方法名

由于声明一个 delegate 类型在编译时期会被转换成一个继承自 System. Delegate 的类,因此要使用 delegate 类型时,必须先建立 delegate 的实例,并把它关联到一个方法。

```
MyDelegate a = new MyDelegate(FunctionA);
```

本行代码的含义是:a 指向 FunctionA 方法的程序代码段。

建立 delegate 类型的实例后,就可以直接调用处理函数,并传入 delegate 类型的变量。

例如:MethodA(a);

由于 a 指向 FuncitonA 的引用,所以实际执行的是 FunctionA 中的程序代码。

6. 事件

"事件"是指当对象发生某些事情时,向其他对象提供通知的一种方法。在 C#中,事件是通过 delegate 实现的。

事件有两个角色:一个是事件发送方,一个是事件接收方。事件发送方是指接触事件的对象,事件接收方是指想在某种事件发生时被通知的对象。

举例来说,目前有很多期刊,可以只订购感兴趣的杂志。一旦订购了指定的杂志,当这些杂志发行时,就会将这些杂志送到你指定的地方(单位或者代办处)。此时发行杂志的出版社就称为事件发送方,你就是事件接收方。而每当杂志发行时,就触发一个发行事件。但杂志社并不是直接将杂志送给你,而是委托邮局做这件事,或者说邮局是杂志社的委托。

事件发送方其实就是一个对象,这个对象会自行维护本身的状态信息。当本身的状态信息变动时,便触发一个事件,并通知所有的事件接收方。

事件接收方可以注册感兴趣的事件。一般提供一个事件处理程序,以便在事件发送方触发一个事件后,会自动执行这段程序代码的内容。

事件最常见的用途是用于图形用户界面。一般情况下,每个控件都有一些事件,当用户对控件进行某些操作(如单击某个按钮)时,系统就会将相关信息告诉这些事件。

事件是通过 delegate 机制实现的,因此若要声明一个事件,首先要声明一个 delegate 类型,然后使用 event 保留字声明一个事件,并将事件名称和 delegate 类型关联在一起。

对于接收事件的对象而言,需要编写一个方法,以便在感兴趣的事件触发时,能够执行这个方法内的代码。

下面的例子定义了一个方法 lists_Changed。需要注意的是,事件处理方法的参数类型和个数必须和 delegate 类型定义的一致,不过参数的名称可以相同,也可以不同。例子中使用了相同的名称:

```
void lists_Changed(object sender,EventArgs e)
{
    Console.WriteLine("开始让我处理!");
}
```

这个方法有什么用呢？开始说过，当邮局接收到杂志后，它要进行处理，比如将杂志送到订户指定的单位等。也就是说，这个方法就是告诉邮局如何处理的。

邮局已经知道如何处理了，可还没有指明是哪个邮局做这个处理，因此还必须指明哪个邮局、如何处理。也就是说，需要将事件和委托关联在一起。

使用“+=”将事件和委托关联在一起，使用“-=”解除关联。一旦建立起这种关联，委托就可以调用事件发生时处理的方法。

例子中的事件 Changed 和委托 ChangedEventHandler 关联在一起，并指明当事件发生时，调用参数中指明的方法 lists. Changed。

```
lists.Changed += new ChangedEventHandler(lists_Changed);
```

这样，委托 ChangedEventHandler 就知道，当对象的状态改变（调用 Add 方法或者 Clear 方法）时，就调用 Changed 事件，调用 Changed 事件时，就执行 lists_Changed 这个方法。

在 . NET 开发环境中，当控件的状态改变时，比如用户单击了按钮控件，控件就会发出一个事件，编程者只需要声明触发事件时执行的方法就可以了。例子中只是为了让读者理解事件的工作原理，以及进行复杂编程时自定义事件的方法。实际上，一般情况下利用 . NET 提供的事件进行编程就已经足够了，并且使用也非常简单。但是有时还确实需要利用事件实现一些特殊的功能。

5.3.4　使用 ADO. NET 访问数据

数据库的应用在我们的生活和工作中无处不在，无论什么样的系统，都离不开数据库的应用。对于大多数应用程序来说，无论它们是 Windows 应用程序，还是 Web 应用程序，存储和检索数据都是其核心功能。所以针对数据库的开发已经成为软件开发的一种必备技能。而在 . NET 框架中如何使应用程序访问数据库中的信息，这种功能的实现是由 ADO. NET 提供的。本节介绍了 ADO. NET 对象模型中各个对象的使用，使读者了解如何使用 ADO. NET 来访问数据。

1. ADO. NET 概述

ADO. NET 是 ADO（ActiveX Data Object）最新发展的产物，更具有通用性，它的出现开辟了数据访问的新纪元，成功地实现了在“断开”的概念下实现对服务器上数据库的访问。作为微软 . NET 框架的一部分，ADO. NET 由一组工具和层组成，应用程序可以借此很轻松地与基于文件或基于服务器的数据存储进行通信并对其加以管理。

（1）ADO. NET 对象模型

ADO. NET 主要由两部分组成：. NET 数据提供程序和 DataSet（数据集）。. NET 数据提供程序负责连接物理数据源、检索和操作数据及更新数据源，它使数据源与组件、XML Web Service 及应用程序之间可以进行通信；DataSet 是 ADO. NET 的断开式结构的核心组件，能够实现独立于任何数据源的数据访问。

ADO. NET 对象模型如图 5. 8 所示。

Connection：用于创建与数据源的连接。

Command：用于对数据源执行操作并返回结果。

DataReader：是一个快速、只读、只向前的游标，用于以最快的速度检索并检查查询所返回的行。

DataAdaper：数据源和数据集之间的桥梁，用于实现填充数据集和更新数据源的作用。

DataSet：数据在本地的缓存，包含了 Tables、Rows、Columns、Constraints 和 Relations 集合等。

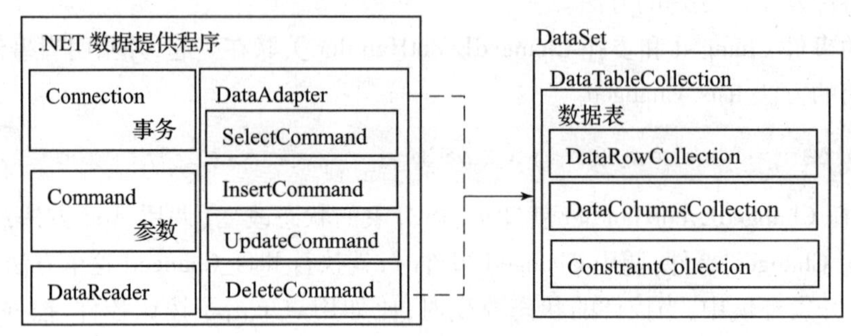

图 5.8　ADO. NET 对象模型

(2)使用命名空间

和 . NET Framework 一样，ADO. NET 也使用逻辑命名空间。命名空间是对象的逻辑组合，使用命名空间主要是为了防止程序集中的名称的冲突，并且可以通过命名空间的分组更容易地定位到对象。ADO. NET 主要在 System. Data 命名空间层次结构中实现，该层次结构在物理上存在于 System. Data. dll 程序集文件中。

数据相关的命名空间主要包括以下几种：

①System. Data：ADO. NET 的核心，包括的类用于组成 ADO. NET 结构的无连接部分，如 DataSet 类。

②System. Data. Common：由 . NET 数据提供程序继承并实现的实用工具类和接口。

③System. Data. SqlClient：SQL Server. NET 数据提供程序。

④System. Data. OleDb：OLE DB. NET 数据提供程序。

当在程序中用到命名空间下面的类时，首先必须在程序中引入相关命名空间，这样该类才能够正常使用。

2. Connection 对象的使用

(1)选择 . NET 数据提供程序

无论是在连接环境还是在非连接环境工作，都必须建立与数据源的连接。对于数据源的连接，选择正确的 . NET 数据提供程序是首要工作。在 . NET 中提供了多种数据源连接选择，由于不同的数据源需要不同的 . NET 数据提供程序，因此，当要连接到数据源时，应该根据实际情况选择所需要的 . NET 数据提供程序进行连接。

. NET Framework 中包含的 . NET 数据提供程序见表 5. 3。

由表 5. 3 中可以看出，. NET Framework 中包含多种 . NET 数据提供程序，那么在连接数据源时，到底采用哪种 . NET 数据提供程序呢？基于提高应用程序的性能、功能和完整性的角度出发，遵循以下的原则进行选择，见表 5. 4。

表 5.3 .NET 数据提供程序

.NET 数据提供程序	说　明
SQL Server .NET 数据提供程序	提供对 Microsoft SQL Server 7.0 及更高版本的数据访问，使用 System.Data.SqlClient 命名空间
OLE DB .NET 数据提供程序	适用于使用 OLE DB 公开的数据源，使用 System.Data.OleDb 命名空间
ODBC .NET 数据提供程序	适用于使用 ODBC 公开的数据源，使用 System.Data.Odbc 命名空间
Oracle .NET 数据提供程序	适用于 Oracle 数据源，支持 Oracle 8.1.7 及更高版本客户端软件，使用 System.Data.OracleClient 命名空间

表 5.4 .NET 数据提供程序的选择原则

数 据 源	.NET 数据提供程序
SQL Server 7.0 及更高版本	SQL Server.NET 数据提供程序
SQL Server 6.5 及更早版本，Access	OLE DB.NET 数据提供程序
可以通过 OLE DB 提供程序访问的任何异构数据源	OLE DB.NET 数据提供程序
可以通过 ODBC 驱动程序访问的任何异构数据源	ODBC.NET 数据提供程序

以上原则只是一般性原则，可以根据实际情况来选择其他的 .NET 数据提供程序。当正确地选择了 .NET 数据提供程序后，即可使用相应的连接类来创建连接对象。

(2)使用 SqlConnection 对象

当与 SQL Server 7.0 及更高版本的数据库进行连接时，需要使用 SqlConnection 类建立与数据库的连接。

例：访问本机 SQL Server 2008 中的数据库 student，采用 Windows 登录方式。

首先在程序中引用命名空间：

```
using System.Data.SqlClient;
```

连接代码如下所示：

```
//创建一个连接对象
SqlConnection conn =new SqlConnection();
//设置连接字符串属性
conn.ConnectionString = "data source = (local);initial catalog =
student;integrated security =true;";
//打开连接
conn.Open();
MessageBox.Show("打开连接!");
//关闭连接
conn.Close();
MessageBox.Show("关闭连接!");
```

其中 Open( )和 Close( )为连接类的方法，分别表示打开到数据库的连接和关闭到数据库的连接。若想采用混合模式登录，则只需要更改连接字符串的属性为：

```
    conn.ConnectionString = " data source = ( local ); initial catalog =
student;uid = sa;pwd = sa;";
```

(3)使用 OleDbConnection 对象

在创建 OleDbConnection 对象时，必须提供一个连接字符串的关键字——Provider，用于提供连接驱动程序的名称。针对不同的数据源，Provider 的取值不同。当与 SQL Server 6.5 及以前版本的数据库连接时，Provider 的值为 SQLOLEDB；当与 Oracle 数据源连接时，其值为 MSDAORA；与 Access 数据库连接时，其值为 Microsoft. Jet. OLEDB. 4. 0。

例：与 Access 数据库连接，Access 数据库文件的存放路径为 D：\aaa. mdb。

首先需要在程序中引用命名空间：

```
    using System.Data.OleDb;
```

连接代码如下所示：

```
    //创建一个连接对象
    OleDbConnection conn = new OleDbConnection( );
    //设置连接字符串属性
    conn.ConnectionString = "provider = Microsoft.Jet.OLEDB.4.0;" + "
data source = D:\\aaa.mdb;";
    //打开连接
    conn.Open( );
    MessageBox.Show( "打开连接!" );
    //关闭连接
    conn.Close( );
    MessageBox.Show( "关闭连接!" );
```

3. Command 对象的使用

连接环境是指在与数据库操作的整个过程中，一直保持与数据库的连接状态不断开，其特点在于处理数据速度快、没有延迟，无须考虑由于数据不一致而导致的冲突等方面的问题。在连接环境下使用最多的是命令(Command)对象。

使用 Connection 对象与数据源创建连接之后，就可以使用 Command 对象对数据源进行插入、修改、删除及查询等操作。在执行命令时，可以使用 SQL 语句，也可以使用存储过程。根据 . NET 数据提供程序的不同，Command 类也不同，主要包括 SqlCommand、OleDbCommand、OracleCommand和 OdbcCommand 对象。在创建 Command 对象时，对其属性的设置非常重要，下面简要介绍几个常用的属性。

①Connection：指定与 Command 对象相联系的 Connection 对象。

②CommandType：指定命令的类型。命令主要有 3 种类型：Text、StoredProcedure、TableDirect，分别代表 SQL 语句、存储过程和直接操作表，其中 Text 为默认类型；在 SQL Server. NET 数

据提供程序中,不存在 TableDirect 类型。

③CommandText:命令的内容。根据 CommandType 的类型,取值分别为 SQL 语句的内容、相应的存储过程名和表名。

④Parameters:参数集合属性。用来设置 SQL 语句或存储过程中的参数,以便能够正确地处理输入、输出和返回值类型的参数。参数对象的主要属性见表 5.5。

表 5.5 参数对象的常用属性

属 性	描 述
ParameterName	参数名称,如 stu_id
SqlDbType	参数的数据类型
Size	参数中数据的最大字节数
Direction	指定参数的方向,可以是下列值之一: ParameterDirection. Input:指明为输入参数(默认) ParameterDirection. Output:指明为输出参数 ParameterDirection. InputOutput:既可为输入参数,也可为输出参数 ParameterDirection. ReturnValue:指明为返回值类型参数
Value	指明输入参数的值

对各种属性的具体设置方法将在后面的实例中给出。

Command 对象主要包含 3 个方法:ExecuteScalar、ExecuteReader 和 ExecuteNonQuery。其中,ExecuteScalar 方法执行后返回的只有一个值,这个方法大多用于获取单个值,如执行聚合函数的查询过程、求某列的平均值等;ExecuteReader 方法执行后返回具有 DataReader 对象类型的行集,多数情况用在返回一个或多个结果集的情况;ExecuteNonQuery 方法执行后返回本次操作所影响的行数,主要用于没有返回值的情况,如存储过程的执行、插入、修改、删除等语句。

(1)插入、修改、删除数据

ExecuteNonQuery 方法可用于执行 DDL(数据定义语言)语句、DCL(数据控制语言)语句和 DML(数据操纵语言)语句,返回的是受影响的行数。其中,DDL 包括 Create、Alter、Drop 语句;DCL 包括 Grant、Deny、Revoke 语句;DML 包括 Insert、Update、Delete 语句。

例:使用 ExecuteNonQuery 向数据库 student 的表 ss 中插入一条记录,假定 ss 表中只有 stu_id和 name 两个字段。

首先在程序中引入命名空间:

```
using System.Data.SqlClient;
```

在“插入”按钮的单击事件中添加如下所示代码:

```
//创建一个连接对象
SqlConnection conn = new SqlConnection();
//设置连接字符串属性
```

```
    conn.ConnectionString = "data source = (local); initial catalog =
student;integrated security = true;";
    //创建命令对象 cmd
    SqlCommand cmd = new SqlCommand();1
    //设置与 cmd 关联的连接对象
    cmd.Connection = conn;
    //执行的是 SQL 语句,所以该属性可省略
    cmd.CommandType = CommandType.Text;
    //设置与 cmd 关联的命令的内容
    cmd.CommandText = "insert into ss values('" + TextBox1.Text + "','" +
TextBox2.Text + "')";
    //打开连接
    conn.Open();
    //执行全集对象的方法
    cmd.ExecuteNonQuery();
    //关闭连接
    conn.Close();
    MessageBox.Show("关闭连接!");
```

执行对数据库的其他操作(如修改、删除、建表、授权等)与此段代码类似,只需要更改其中的 CommandText 的内容。

(2)读取数据

Command 对象的 ExecuteScalar 和 ExecuteReader 方法用来获取数据库中的数据。其中,ExecuteScalar 方法大多用来获取单个值的操作,如执行聚合函数、获取商场每天的销售额、获取学生的平均成绩等;ExecuteReader 方法多数情况下用于返回一个或多个结果集的情况,如获取一个表中的所有记录等,该方法执行后返回具有 DataReader 对象类型的行集,通常与 DataReader 一起使用。

1)ExecuteScalar 方法

该方法的使用非常简单,只需设置命令对象的属性并执行方法就可以了。当查询的是多列的值时,返回的是第 1 列的值。

例:从学生表中获取所有学生的平均入学成绩,并在文本框中显示。

主要代码如下所示:

首先在程序中引入命名空间:

```
using System.Data.SqlClient;
```

在“插入”按钮的单击事件中添加如下所示代码:

```
//创建一个连接对象
SqlConnection conn = new SqlConnection();
```

```
    //设置连接字符串属性
    conn.ConnectionString = " data source = (local); initial catalog =
student;integrated security = true;";
    //创建命令对象 cmd
    SqlCommand cmd = new SqlCommand();
    //设置与 cmd 关联的连接对象
    cmd.Connection = conn;
    //执行的是 SQL 语句,所以该属性可省略
    cmd.CommandType = CommandType.Text;
    //设置命令的内容
    cmd.CommandText = "select avg(enexam)  from  student";
    //打开连接
    conn.Open();
    //执行命令的方法,并将返回值赋给 d 变量
    double d = Convert.ToDouble(cmd.ExecuteScalar());
    //关闭连接
    conn.Close();
    TextBox1.Text = "平均成绩为" + d.ToString();
```

2) ExecuteReader 方法

该方法返回一个 DataReader 对象。DataReader 对象是一个快速、只读、只向前的游标,它可以在数据行的流中进行循环。当执行某个返回行集的命令时,可以使用 DataReader 循环访问行集。

DataReader 对象随着所选择的 . NET 数据提供程序的不同而不同,需要根据 . NET 数据提供程序来选择此对象,如 SqlDataReader、OleDbDataReader,依此类推。

下面给出了 DataReader 的主要方法。

Get[DataType]:该方法的完整名称根据所要获取的值而定,如果获取的值为 String 类型,则方法是 GetString;若获取的值是 Int32 类型,则该方法为 GetInt32,依此类推。该方法在使用时,需要提供一个 Int32 类型的参数,指定要获取行的列序号(从 0 开始)。例如,想以 String 类型获取第 3 列的值,则该方法为 GetString(2)。

GetName:通过传递的序列号来获取指定列的名称。

GetOrdinal:通过传递的列名称来获取指定的列序号,与 GetName 方法正好相反。

GetValue:获取以本机形式表示的指定列的值。

Close:关闭 DataReader 对象。

Read:使对象的指针前进到下一条记录,如果下一条存在,返回值为 true;如果不存在,返回值为 false。

NextResult:当存在多个 Select 语句时,此方法用于读取下一个记录集的结果。

例:在 ListBox 控件上显示学生表中的学生姓名的信息。

主要代码如下所示：

首先在程序中引入命名空间：

```
using System.Data.SqlClient;
```

添加代码，如下所示：

```
//创建一个连接对象
SqlConnection conn = new SqlConnection();
//设置连接字符串属性
conn.ConnectionString = "data source = (local);initial catalog = student;integrated security = true;";
//创建命令对象 cmd
SqlCommand cmd = new SqlCommand();
//设置与 cmd 关联的连接对象
cmd.Connection = conn;
//执行的是 SQL 语句,所以该属性可省略
cmd.CommandType = CommandType.Text;
//设置命令的内容
cmd.CommandText = "select  name  from  student";
//打开连接
conn.Open();
//创建数据阅读器对象,并将命令对象执行方法后的结果赋值给 dr
SqlDataReader dr = cmd.ExecuteReader();
//遍历 dr 中的每条记录,添加到 ListBox1 控件中
while(dr.Read())
     ListBox1.Items.Add(dr.GetString(0));
//关闭 dr
dr.Close();
//关闭连接
conn.Close();
```

例：执行多个 Select 语句，已知有两个 ListBox 控件、1 个 Button 控件，执行“select name from student”“select addr from student”两个 Select 语句，并将结果显示到 ListBox 控件中。

主要代码如下所示：

首先在程序中引入命名空间：

```
using System.Data.SqlClient;
```

添加代码，如下所示：

```
//创建一个连接对象
SqlConnection conn = new SqlConnection();
```

```
    //设置连接字符串属性
    conn.ConnectionString = "data source = (local); initial catalog =
student;integrated security = true;";
    //创建命令对象 cmd
    SqlCommand cmd = new SqlCommand("select name from student;" + "select
addr from student",conn);
    //打开连接
    conn.Open();
    //创建数据阅读器对象,并将命令对象执行方法后的结果赋值给 dr
    SqlDataReader dr = cmd.ExecuteReader();
    //遍历 dr 中的每条记录,添加到 ListBox1 控件中
    while(dr.Read())
        ListBox1.Items.Add(dr.GetString(0));
    //将指针移至下一个结果集
    dr.NextResult();
    //遍历每条记录,添加至 ListBox2 中
    while(dr.Read())
        ListBox2.Items.Add(dr.GetString(0));
    //关闭 dr
    dr.Close();
    //关闭连接
    conn.Close();
```

例:将上例中返回的结果显示在 DataGridView 控件中。

除了需要引用 SQL Server. NET 数据提供程序的命名空间之外,还需加入其他命名空间:

```
    using System.Collections;
    using System.Data.Common;
    private void button1_Click(object sender,EventArgs e)
    {
        //创建 ArrayList 对象 drRecordsHolder
        ArrayList  drRecordsHolder = new ArrayList();
        //创建连接对象并设置连接字符串属性
        SqlConnection conn = new SqlConnection("data source = .;ini-
tial catalog = student;integrated security = true;");
        //创建命令对象
        SqlCommand cmd = new SqlCommand("select * from student",
conn);
```

```
    //打开连接
    conn.Open();
    //创建数据阅读器对象 dr
    SqlDataAdapter dr;
    //执行命令对象的方法,将返回值赋给对象 dr
    dr = cmd.ExecuteReader(CommandBehavior.CloseConnection);
    //判断 dr 中是否包含行
    if(dr.HasRows)
    {
        //遍历每一行
        foreach(DbDataRecord rec in dr)
        {
            //将每行添加至 dbRecordsHolder
            dbRecordsHolder.Add(rec);
        }
    }
    //关闭 dr
    dr.Close();
    //将 dbRecordsHolder 与 dataGridView1 绑定
    dataGridView1.DataSource = dbRecordsHolder;
}
```

3)执行存储过程

无论是命令对象的哪个方法,均可以执行存储过程,下面将介绍如何使用存储过程来实现对数据的修改。

例:使用存储过程,根据学号修改数据表中相应学生的入学成绩。

使用到的存储过程为:

```
CREATE PROCEDURE dbo.uspUpdateStudent
(
@stu_id char(10),
@enexam int
)
AS
   UPDATE student SET enexam = @enexam
   WHERE stu_id = @stu_id
RETURN
```

按钮的单击事件中的代码如下所示:

```
    private void button1_Click(object sender,EventArgs e)
    {
        //创建连接对象 conn 并设置连接字符串属性
        SqlConnection conn = new SqlConnection("data source = .;ini-
tial catalog = student;integrated security = true;");
        //创建命令对象 cmd
        SqlCommand cmd = new SqlCommand();
        //设置 cmd 的 Connection 属性
        cmd.Connection = conn;
        //设置命令的类型,若是存储过程,必须设置
        cmd.CommandType = CommandType.StoredProcedure;
        //设置命令的内容
        cmd.CommandText = "uspUpdateStudent";
        //创建参数对象 pID
        SqlParameter pID = new SqlParameter();
        //设置 pID 的各种属性
        pID.ParameterName = "@stu_id";
        pID.SqlDbType = SqlDbType.Char;
        pID.Size = 10;
        pID.Value = TextBox1.Text;
        //将 pID 添加至命令对象的参数集合中
        cmd.Parameters.Add(pID);
        //与上面的@pID 参数设置是一致的
        cmd.Parameters.Add("@enexam",SqlDbType,Int,4);
        cmd.Parameters["@enexam"].Value = Convert.ToInt32(TextBox2.
Text);
        //打开连接
        conn.Open();
        //执行命令对象的方法
        cmd.ExecuteNonQuery();
        //关闭连接
        conn.Close();
        MessageBox.Show("修改成功");
    }
```

在本例中,存储过程中给出的仅是输入参数,还可以是输出参数或返回值类型的参数,若读者感兴趣,可以参考 ADO. NET 相关书籍。

4. DataAdapter 和 DataSet 对象的使用

非连接环境是指在执行对数据库的操作过程中与数据库保持连接,其他时间可以断开到数据库的连接,即需要时连接,不需要时断开,这样可以节省资源。非连接环境中,最常用的对象为 DataSet(数据集)对象。

DataSet 是用于断开式数据存储的所有数据结构的集合,它是数据在本地内存的一个缓存,数据集中包含数据表、数据行、数据列、关系和约束等。

DataAdapter(数据适配器)作为数据集合数据库之间的一个桥梁,主要用于将数据库中的数据填充到数据集中,并且可以将对数据集所做的更改更新回数据库。根据 .NET 数据提供程序的不同,DataAdapter 也不同,本节仍以 SQL Server. NET 数据提供程序为例,数据适配器为 SqlDataAdapter。

DataAdapter 包含常用的四个属性 InsertCommand、DeleteCommand、UpdateCommand 和 SelectCommand,以及两个方法 Fill 和 Update。通过设置相应 Command 的属性并执行相关方法,就可以实现对数据的填充及更新工作。

(1)填充 DataSet

当执行填充 DataSet 的操作时,实际就是根据需要查询数据库中的信息,并将其结果存放到 DataSet 中。执行填充操作时,调用 SqlDataAdapter 的 Fill 方法,而 Fill 方法在执行时,其实质为调用数据适配器的 SelectCommand 属性。Fill 方法有多种重载形式:Fill(DataSet)、Fill(DataTable)、Fill(DataSet,TableName)等,可以根据实际需要来选择。

例:从数据库中获取 student 表中的基本信息,并将结果显示到 DataGridView 控件上。

```
private void button1_Click(object sender,EventArgs e)
{
    //创建连接对象并设置连接字符串属性
    SqlConnection conn = new SqlConnection();
    conn.ConnectionString = "data source = .;initial catalog = student;integrated security = true";
    //创建数据适配器对象 da
    SqlDataAdapter da = new SqlDataAdapter("select stu_id,name,sex,addr from student",conn);
    //创建数据集对象 ds
    DataSet ds = new DataSet();
    //使用 da 填充 ds
    da.Fill(ds);
    //将数据集的表与 dataGridView1 绑定
    dataGridView1.DataSource = ds.Tables[0];
}
```

针对 SqlDataAdapter da = new SqlDataAdapter("select stu_id,name,sex,addr from student",conn);这条语句,可以用以下代码代替。

```
    SqlDataAdapter da = new SqlDataAdapter();
    SqlCommand cmd = new SqlCommand("select stu_id,name,sex,addr from
student",conn);
    da.SelectCommand = cmd;
```

在执行数据的填充及更新的过程中，均可以执行存储过程，执行方式只需将 command 对象中的 SQL 语句换成存储过程名，并且设置 CommandType 即可。当然，如果存在参数，还需设置 Parameters。

DataSet 是数据在本地的一个缓存，在存储数据时，可能会用到两个或多个表来存储数据，当存在多个表时，如何进行数据的填充呢？这个时候需要多个数据适配器，分别填充数据集里面的多个表。

还有一点需要注意，从例子中可以看出，在执行填充方法之前，并没有对连接对象执行 Open 方法，这是因为数据适配器不论其执行 Fill 方法填充数据，还是执行后面要介绍到的 Update 方法来更新数据，这两个方法都可以根据情况执行到数据库的打开和关闭。当连接的状态为打开时，执行方法时连接状态不变；当连接的状态为关闭时，执行方法时会自动打开连接，当执行完填充或更新后，连接状态恢复为关闭状态。但是当执行多个数据表的填充时，应该显式调用 Open 方法来打开连接，以避免多次打开和关闭数据库的连接所造成的性能下降问题；并且，当调用 Close 方法后，仍然可以使用 DataSet 中的数据，这就是非连接环境的一个优势。

（2）更新 DataSet

数据集不保留有关它所包含的数据来源的任何信息，因此对数据集中的行所做的更改也不会自动传回数据源，必须用数据适配器的 Update 方法来完成将数据集所做的更改更新回数据集的任务。在执行更新时，数据适配器会根据实际情况，自动调用 InsertCommand、DeleteCommand、UpdateCommand 中的一种或多种属性。若为插入，则执行 InsertCommand，依此类推。Update 方法也有很多重载形式：Update(DataSet)、Update(DataRows)、Update(DataTable)等。

例：在非连接环境下，向学生表中添加一条记录。

```
    private void button1_Click(object sender,EventArgs e)
    {
        //创建连接对象并设置连接字符串属性
        SqlConnection conn = new SqlConnection("data source = .;ini-
tial catalog = student;integrated security = true;");
        //创建数据适配器对象 da
        SqlDataAdapter da = new SqlDataAdapter("select stu_id,name,
sex,addr from student",conn);
        //创建数据集对象 ds
        DataSet ds = new DataSet();
        //创建命令生成器对象 cb
        SqlCommandBuilder cb = new SqlCommandBuilder(da);
```

```
    //使用 da 填充 ds
    da.Fill(ds,"student");
    //向数据集的表中添加一个与表 student 有相同结构的新行
    DataRow dr = ds.Tables["student"].NewRow();
    //为该行的各个字段赋值
    dr["stu_id"] = TextBox1.Text;
    dr["name"] = TextBox2.Text;
    dr["sex"] = TextBox3.Text;
    dr["addr"] = TextBox4.Text;
    //将创建的新行添加至表的行集合中
    ds.Tables["student"].Rows.Add(dr);
    //使用 da 将所做的修改更新回数据源
    da.Update(ds,"student");
    MessageBox.Show("插入数据成功");
}
```

从例子中可以看出，并没有任何与 InsertCommand 相关的信息，那么数据适配器在执行 Update 方法时又是如何执行的呢？当执行 SqlCommandBuilder cb = new SqlCommandBuilder (da)；语句时，会根据数据适配器的 SelectCommand 自动生成相应的 InsertCommand、DeleteCommand 和 UpdateCommand 属性，这样就不用手工写代码了。但是在自动生成时有一点需要注意，即数据库相应的表中必须有主键，否则在执行修改和删除操作的时候会出现问题。

执行修改和删除操作是一个道理。如想删除数据表中的第 3 条记录，则首先需获取第 3 条记录，再调用 Delete 方法，即可从数据表中删除该行，再调用 Update 方法即可将删除更新到数据库：

```
DataRow dr = ds.Tables["student"].Rows[2];
dr.Delete();
```

5. ADO. NET 与 XML

ADO. NET 桥接了 XML 和数据访问之间的间隙，可以使用 XML 的数据来填充 DataSet，并且可以将 DataSet 中的数据或架构信息写入文件或流中。

例：将 XML 数据填充到 DataSet 中，可调用 ReadXml( )方法；将 DataSet 中的数据写入 XML 文件中，可调用 WriteXml( )方法。可以在按钮的 Click 事件中添加如下代码：

```
Protected void Button1_Click(object sender,EventArgs e)
{
    //创建数据集对象 ds
    DataSet ds = new DataSet();
    //从 aaa.xml 文件中将 xml 文档读入 ds 中
    ds.ReadXml("aaa.xml");
```

```
        //将数据集的内容与GridView1 绑定
        GridView1.DataSource = ds;
        GridView1.DataBind();
    }
    protected void Button2_Click(object sender,EventArgs e)
    {
        //创建连接对象并设置连接字符串属性
        SqlConnection conn = new SqlConnection("data source = .;initial
catalog = student;integrated security = true;");
        //创建数据适配器对象
        SqlDataAdapter da = new SqlDataAdapter("select stu_id,name,
sex,addr from student",conn);
        //创建数据集对象
        DataSet ds = new DataSet();
        //填充数据集
        da.Fill(ds);
        //将数据集的内容写入aaa.xml 文件中
        ds.WriteXml("aaa.xml");
    }
```

5.4　项目实施

在classes 文件夹下，创建DataAccess类、ClassInfoOperation类、CourseInfoOperation类、SpecialtyOperation类、StudentInfoOperation类、StuGradeOperation类、TeacherInfoOperation类和UserInfoOperation类。

5.4.1　任务1：数据访问类

DataAccess.cs类的访问修饰符设为public，这样才可以被其他类访问。但是在定义DataAccess.cs类之前，需要引用命名空间，如下所示：

```
using System.Data;
using System.Data.SqlClient;
```

DataAccess.cs类主要是实现数据库连接及对SQL命令的执行。定义DataAccess.cs类的形式如下所示：

```
public class DataAccess
{
}
```

首先在 DataAccess. cs 类中定义静态连接字符串 ConnectionString,设置数据库连接的字符串为 data source =. ;integrated security = true;database = SSCGGL,表示连接本地的 SSCGGL 数据库,并且访问的方式为 Windows 集成的访问方式。数据库连接的关键字为 ConnectionString,其代码如下所示:

```
    public static string ConnectionString = "data source = .;database =
SSCGGL;integrated security = true;";
```

自定义方法 ExecuteSQL(),该方法是一个公开的方法,便于其他类进行访问。该方法的返回类型为布尔类型 bool,含有一个 string 类型的参数。在该方法中首先实例化 SqlConnection 类的对象 con,并且打开已经定义好的 ConnectionString 连接字符串。然后实例化 SqlCommand 类的对象 cmd,将 ExecuteSQL()方法中的 sql 参数作为语句,执行 SQL 命令。使用 try - catch - finally 语句,在 try 语句块中打开数据库的连接,执行 cmd 对象的 ExecuteNonQuery(),执行 SQL 语句并返回影响的行数,返回 true;在 catch 语句中返回 false;在 finally 语句中将数据库连接对象关闭,并释放 con 数据库连接对象和 SQL 命令 cmd 对象资源。

```
        //执行 SQL 语句,返回 Bool 值,True 为执行成功
        public bool ExecuteSQL(string sql)
        {
            SqlConnection con = new SqlConnection(ConnectionString);
            SqlCommand cmd = new SqlCommand(sql,con);
            try
            {
                con.Open();
                cmd.ExecuteNonQuery();
                return true;
            }
            catch
            {
                return false;
            }
            finally
            {
                con.Close();
                con.Dispose();
                cmd.Dispose();
            }
        }
```

自定义方法 GetReader(),该方法的返回类型为 SqlDataReader 类型,有一个字符串类型的参数。在该方法中,首先实例化 SqlConnection 类的对象 con,并且打开已经定义好的 Connec-

tionString 连接字符串。然后实例化 SqlCommand 类的对象 cmd,将 GetReader( )方法中的 sql 参数作为语句,执行 SQL 命令。实例化 SqlDataReader 对象 dr,并设初值为空。使用 try - catch 语句,在 try 语句块中,首先打开数据库对象的连接,然后通过调用 SQL 命令对象 cmd 的 ExecuteReader( )方法执行 SQL 语句,获取 SqlDataReader 类型的对象并赋值给 dr 对象;在 catch 语句块中,将 dr 对象的连接关闭,并释放数据库连接对象 con 和 SQL 命令对象 cmd 的资源,同时抛出异常语句来捕获异常消息。最后将 SqlDataReader 类型的对象 dr 返回。

```
//执行 SQL 语句,返回 SqlDataReader
public SqlDataReader GetReader(string sql)
{
    SqlConnection con =new SqlConnection(ConnectionString);
    SqlCommand cmd =new SqlCommand(sql,con);
    SqlDataReader dr =null;
    try
    {
        con.Open();
        dr =cmd.ExecuteReader(Command Behavior. CloseConnection);
    }
    catch(Exception ex)
    {
        dr.Close();
        con.Dispose();
        cmd.Dispose();
        throw new Exception(ex.ToString());
    }
    return dr;
}
```

自定义方法 GetDataSet( ),该方法的返回类型为数据集 DataSet,包含两个 string 字符串类型的参数。在该方法中,首先实例化数据集对象 ds、实例化 SqlConnection 类的对象 con,并且打开已经定义好的 ConnectionString 连接字符串。然后实例化数据适配器 SqlDataAdapter 类的对象 da,将 GetDataSet( )方法中的 sql 参数作为语句,执行 SQL 命令。使用 try - catch - finally 语句,在 try 语句块中,将数据适配器中获取的数据内容填充到数据集 ds 中;在 catch 语句块中,抛出异常语句来捕获异常消息;在 finally 语句块中,关闭数据库连接,并释放数据库连接对象 con 和数据适配器对象 da 的资源。最后将数据集 ds 返回。

```
//执行 SQL 语句,返回 DataSet
public DataSet GetDataSet(string sql,string tablename)
{
```

```
        DataSet ds = new DataSet();
        SqlConnection con = new SqlConnection(ConnectionString);
        SqlDataAdapter da = new SqlDataAdapter(sql,con);
        try
        {
            da.Fill(ds,tablename);
        }
        catch(Exception ex)
        {
             throw new Exception(ex.ToString());
        }
        finally
        {
             con.Close();
             con.Dispose();
             da.Dispose();
        }
        return ds;
    }
```

自定义方法 GetCount( )，该方法的返回值的类型是整型，包含一个字符串 string 类型的参数。在该方法中，实例化 SqlConnection 类的对象 con，并且打开已经定义好的 ConnectionString 连接字符串。然后实例化 SQL 命令类 SqlCommand 类的对象 cmd，将 GetCount( )方法中的 sql 参数作为语句，执行 SQL 命令。使用 try - catch - finally 语句，在 try 语句块中，打开数据库连接，调用 SQL 命令对象 cmd 的 ExecuteScalar( )方法，将返回的值转换成整型变量赋值给 count，并返回该值；在 catch 语句块中，返回值为 0；在 finally 语句块中，将数据库连接对象 con 关闭，并释放数据库连接对象 con 和 SQL 命令对象 cmd 资源。

```
    //执行 SQL 语句并返回受影响的行数
    public int GetCount(string sql)
    {
        SqlConnection con = new SqlConnection(ConnectionString);
        SqlCommand cmd = new SqlCommand(sql,con);
        try
        {
            con.Open();
            int count = (int)cmd.ExecuteScalar();
            return count;
```

```
            }
            catch
            {
                return 0;
            }
            finally
            {
                con.Close();
                con.Dispose();
                cmd.Dispose();
            }
        }
```

自定义方法CheckAdmin(),该方法的返回类型为布尔类型bool,包含两个字符串类型的参数。本方法主要是验证用户的登录信息是否合法。在该方法中,定义sql语句,将获取的2个参数中的第一个作为用户名赋值给Userid字段,将第二个参数作为用户密码Userpwd字段的值,使用select语句获取用户名和密码都符合的SQL语句。将SQL语句作为参数传递给GetCount()方法,如果该方法的返回值大于0,那么证明该用户的身份是合理的,返回true;如果调用GetCount()方法返回的值小于等于0,那么证明该用户的身份是不合理的,返回false。

```
        //验证用户是否合法登录
        public bool CheckAdmin(string strname,string strpwd)
        {
            string sql;
            sql = "select count(1)from UserInfo where Userid ='" + strname
+ "' and Userpwd ='" + strpwd + "'";
            if(GetCount(sql) >0)
            {
                return true;
            }
            else
            {
                return false;
            }
        }
```

5.4.2 任务2:学生操作类

StudentInfoOperation.cs类的访问修饰符设为public,这样才可以被其他类访问。

StudentInfoOperation.cs类主要是实现对学生信息的操作,针对数据库中的StudentInfo表进行增、删、改、查操作。定义 StudentInfoOperation. cs 类的形式如下所示：

```
public class StudentInfoOperation
{
}
```

在该类中，定义的方法都是需要调用数据访问类 DataAccess. cs 中的方法，因此需要首先实例化数据访问类 DataAccess 类的对象。定义的代码如下所示：

```
private static DataAccess dataAccess = new DataAccess();
```

自定义方法 insertStudentInfo()，用来将学生信息插入数据表 StudentInfo 中。该方法的返回值类型为布尔类型，方法中只有一个参数，该参数是学生实体类 StudentInfoData 的对象。在该方法中，使用 insert 定义 SQL 语句，将学生实体类 StudentInfoData 的对象 studentInfoData 中的属性作为字段的值。将这个 SQL 语句作为参数传递给 DataAccess 类的 ExecuteSQL()方法，执行数据的插入操作。

```
    //数据插入
    public static bool insertStudentInfo(StudentInfoData studentIn-
foData)
    {
        string sql = "insert into StudentInfo(Sno,Sname,Sex,Birth-
day,Address,Tel,Classid) values('" + studentInfoData.Sno + "','" + stu-
dentInfoData.Sname + "','" + studentInfoData.Sex + "','" + studentInfoDa-
ta.Birthday + "','" + studentInfoData.Address + "','" + studentInfoData.Tel
+ "','" + studentInfoData.Classid + "')";
        return dataAccess.ExecuteSQL(sql);
    }
```

自定义方法 updateStudentInfo()，用来将学生信息更新到数据表 StudentInfo 中。该方法的返回值类型为布尔类型，方法中只有一个参数，该参数是学生实体类 StudentInfoData 的对象。在该方法中，使用 update 定义 SQL 语句，根据学生的学号，将学生实体类 StudentInfoData 的对象 studentInfoData 中的属性作为字段的值。将这个 SQL 语句作为参数传递给 DataAccess 类的 ExecuteSQL()方法，执行数据的修改操作。

```
    //修改数据
    public static bool updateStudentInfo(StudentInfoData studentIn-
foData)
    {
        string sql = "update StudentInfo set Sname ='" + studentInfo-
Data.Sname + "',Sex ='" + studentInfoData.Sex + "',Birthday ='" + studentIn-
foData.Birthday + "',Address ='" + studentInfoData.Address + "',Tel ='" +
```

```
studentInfoData.Tel + "',Classid ='" + studentInfoData.Classid + "' where
Sno ='" + studentInfoData.Sno + "'";
            return dataAccess.ExecuteSQL(sql);
        }
```

自定义方法 deleteStudentInfo( ),用来将学生信息从数据表 StudentInfo 中删除。该方法的返回值类型为布尔类型,方法中只有一个参数,该参数是学生的学号变量。在该方法中,使用 delete 定义 SQL 语句,根据学生的学号,删除学生信息。将这个 SQL 语句作为参数传递给 DataAccess 类的 ExecuteSQL( )方法,执行数据的删除操作。

```
        //删除数据
        public static bool deleteStudentInfo(string sno)
        {
            string sql = "delete StudentInfo where Sno ='" + sno + "'";
            return dataAccess.ExecuteSQL(sql);
        }
```

自定义方法 getStudentInfo( ),该方法是用来查询学生信息的。该方法的返回值是一个数据集 DataSet,包含一个参数,该参数是学生实体类 StudentInfoData 的对象。在该方法中,首先定义一个字符串变量作为查询的条件的初值。判断学号如果不为空,那么将学生实体类的对象 studentInfoData 的 Sno 属性作为学号字段的值,将这个条件加入变量 condition 中。判断学生姓名如果不为空,那么将学生实体类的对象 studentInfoData 的 Sname 属性作为学生姓名字段的值,将这个条件加入变量 condition 中。判断学生性别如果不为空,那么将学生实体类的对象 studentInfoData 的 Sex 属性作为学生性别字段的值,将这个条件加入变量 condition 中。判断学生所在班级编号如果不为空,那么将学生实体类的对象 studentInfoData 的 Classid 属性作为班级号字段的值,将这个条件加入变量 condition 中。使用 select 语句定义查询条件,从 StudentInfo 表中查询字段 Sno、Sname、Sex、Birthday、Address、Tel 和 Classid 字段的值,分别在窗体上显示学号、姓名、性别、出生日期、家庭住址、家庭联系电话和班级名称。将查询语句作为参数传递给数据访问类的 dataAccess 对象的 GetDataSet( )方法,该方法返回的类型为数据集 DataSet。

```
        //数据查询
        public static DataSet getStudentInfo(StudentInfoData studentIn-
foData)
        {
            string condition = "";
            if(studentInfoData.Sno != null && studentInfoData.Sno != "")
            {
                condition += " and Sno ='" + studentInfoData.Sno + "'";
```

```
        }
        if(studentInfoData.Sname != null && studentInfoData.Sname
!= "")
        {
            condition += " and Sname like '% " + studentInfoData.Sname
+ "% '";
        }
        if(studentInfoData.Sex != null && studentInfoData.Sex != "")
        {
            condition += " and Sex ='" + studentInfoData.Sex + "'";
        }
        if(studentInfoData.Classid != null && studentInfoData.Clas-
sid != "")
        {
                condition  += " and Classid = '" + studentInfoDa-
ta.Classid + "'";
        }
        string sql = "select Sno 学号,Sname 姓名,Sex 性别,Birthday 出生
日期,Address 家庭住址,Tel 家庭联系电话,Classid 班级名称 from StudentInfo
where 1 =1 " + condition;
        return dataAccess.GetDataSet(sql,"StudentInfo");
    }
```

5.4.3 任务3：教师操作类

TeacherInfoOperation. cs 类的访问修饰符设为 public，这样才可以被其他类访问。

TeacherInfoOperation. cs 类主要是实现对教师信息的操作，针对数据库中的 TeacherInfo 表进行增、删、改、查操作。定义 TeacherInfoOperation. cs 类的形式如下所示：

```
public class TeacherInfoOperation
{
}
```

在该类中，定义的方法都是需要调用数据访问类 DataAccess. cs 中的方法，因此需要首先实例化数据访问类 DataAccess 类的对象。定义的代码如下所示：

```
private static DataAccess dataAccess = new DataAccess();
```

自定义方法 insertTeacherInfo( )，用来将教师信息插入数据表 TeacherInfo 中。该方法的返回值类型为布尔类型，方法中只有一个参数，该参数是教师实体类 TeacherInfoData 的对象。在该方法中，使用 insert 定义 SQL 语句，将教师实体类 TeacherInfoData 的对象 data 中的属性作为

字段的值。将这个 SQL 语句作为参数传递给 DataAccess 类的 ExecuteSQL( )方法,执行数据的插入操作。

```
    //数据插入
    public static bool insertTeacherInfo(TeacherInfoData data)
    {
        string sql = "insert into TeacherInfo(Teaid,Teaname,Teasex,
Teloffice,Address, TeaBirthday ) values ('" + data.Teaid + "','" + da-
ta.Teaname + "','" + data.Teasex + "','" + data.Teaoffice + "','" + da-
ta.Address + "','" + data.Teabirthday + "')";
        return dataAccess.ExecuteSQL(sql);
    }
```

自定义方法 updateTeacherInfo( ),用来将教师信息更新到数据表 TeacherInfo 中。该方法的返回值类型为布尔类型,方法中只有一个参数,该参数是教师实体类 TeacherInfoData 的对象。在该方法中,使用 update 定义 SQL 语句,根据教师的编号,将教师实体类 TeacherInfoData 的对象 data 中的属性作为字段的值。将这个 SQL 语句作为参数传递给 DataAccess 类的 ExecuteSQL( )方法,执行数据的修改操作。

```
    //修改数据
    public static bool updateTeacherInfo(TeacherInfoData data)
    {
        string sql = " update TeacherInfo set Teaname = '" + da-
ta.Teaname + "', Teasex = '" + data.Teasex + "', TeaBirthday = '" + da-
ta.Teabirthday + "',Teloffice ='" + data.Teaoffice + "',Address ='" + da-
ta.Address + "' where Teaid ='" + data.Teaid + "'";
        return dataAccess.ExecuteSQL(sql);
    }
```

自定义方法 deleteTeacherInfo( ),用来将教师信息从数据表 TeacherInfo 中删除。该方法的返回值类型为布尔类型,方法中只有一个参数,该参数是教师的编号变量。在该方法中,使用 delete 定义 SQL 语句,根据教师的编号,删除教师信息。将这个 SQL 语句作为参数传递给 DataAccess 类的 ExecuteSQL( )方法,执行数据的删除操作。

```
    //删除数据
    public static bool deleteTeacherInfo(string teaid)
    {
        string sql = "delete TeacherInfo where Teaid ='" + teaid + "'";
        return dataAccess.ExecuteSQL(sql);
    }
```

自定义方法 getTeacherInfo( ),该方法是用来查询教师信息的。该方法的返回值是一个数据集 DataSet,包含一个参数,该参数是教师实体类 TeacherInfoData 的对象。在该方法中,首先定义一个字符串变量作为查询的条件的初值。判断教师编号如果不为空,那么将教师实体类的对象 TeacherInfoData 的 Teaid 属性作为教师编号字段的值,将这个条件加入变量 condition 中。判断教师姓名如果不为空,那么将教师实体类的对象 TeacherInfoData 的 Teaname 属性作为教师姓名字段的值,将这个条件加入变量 condition 中。判断教师性别如果不为空,那么将教师实体类的对象 TeacherInfoData 的 Teasex 属性作为学生性别字段的值,将这个条件加入变量 condition 中。使用 select 语句定义查询条件,从 TeacherInfo 表中查询字段 Teaid、Teaname、Teasex、TeaBirthday、Teloffice 和 Address 字段的值,分别在窗体上显示教师代码、教师姓名、教师性别、出生日期、办公电话和家庭住址。将查询语句作为参数传递给数据访问类的 dataAccess 对象的 GetDataSet( )方法,该方法返回的类型为数据集 DataSet。

```
    //查询数据
    public static DataSet getTeacherInfo(TeacherInfoData data)
    {
        string condition = "";
        if(data.Teaid != null && data.Teaid != "")
        {
            condition += " and Teaid ='" + data.Teaid + "'";
        }
        if(data.Teaname != null && data.Teaname != "")
        {
            condition += " and Teaname ='" + data.Teaname + "'";
        }
        if(data.Teasex != null && data.Teasex != "")
        {
            condition += " and Teasex ='" + data.Teasex + "'";
        }
        string sql = "select Teaid 教师代码,Teaname 教师姓名,Teasex 教师
性别,TeaBirthday 出生日期,Teloffice 办公电话,Address 家庭住址 from Teach-
erInfo where 1 =1 " + condition;
        return dataAccess.GetDataSet(sql,"TeacherInfo");
    }
```

5.4.4 任务4:用户操作类

UserInfoOperation. cs 类的访问修饰符设为 public,这样才可以被其他类访问。

UserInfoOperation. cs 类主要是实现对用户信息的操作,针对数据库中的 UserInfo 表进行增、删、改、查操作。定义 UserInfoOperation. cs 类的形式如下所示:

```
public class UserInfoOperation
{
}
```

在该类中,定义的方法都是需要调用数据访问类 DataAccess. cs 中的方法,因此需要首先实例化数据访问类 DataAccess 类的对象。定义的代码如下所示:

```
private static DataAccess dataAccess = new DataAccess();
```

自定义方法 insertUserInfo( ),用来将用户信息插入数据表 UserInfo 中。该方法的返回值类型为布尔类型,方法中只有一个参数,该参数是用户实体类 UserInfoData 的对象。在该方法中,使用 insert 定义 SQL 语句,将用户实体类 UserInfoData 的对象 data 中的属性作为字段的值。将这个 SQL 语句作为参数传递给 DataAccess 类的 ExecuteSQL( )方法,执行数据的插入操作。

```
//数据插入
public static bool insertUserInfo(UserInfoData data)
{
    string sql = "insert into UserInfo(Userid,Userpwd,Userlevel)
values('" + data.Userid + "','" + data.Userpwd + "','" + data.Userlevel + "')";
    return dataAccess.ExecuteSQL(sql);
}
```

自定义方法 updateUserInfo( ),用来将用户信息更新到数据表 UserInfo 中。该方法的返回值类型为布尔类型,方法中只有一个参数,该参数是用户实体类 UserInfoData 的对象。在该方法中,使用 update 定义 SQL 语句,根据用户名,将用户实体类 UserInfoData 的对象 data 中的属性作为字段的值。将这个 SQL 语句作为参数传递给 DataAccess 类的 ExecuteSQL( )方法,执行数据的修改操作。

```
//数据修改
public static bool updateUserInfo(UserInfoData data)
{
    string sql = "update UserInfo set Userpwd ='" + data.Userpwd + "
',Userlevel ='" + data.Userlevel + "' where Userid ='" + data.Userid + "'";
    return dataAccess.ExecuteSQL(sql);
}
```

自定义方法 deleteUserInfo( ),用来将用户信息从数据表 UserInfo 中删除。该方法的返回值类型为布尔类型,方法中只有一个参数,该参数是用户名变量。在该方法中,使用 delete 定义 SQL 语句,根据用户名,删除用户信息。将这个 SQL 语句作为参数传递给 DataAccess 类的 ExecuteSQL( )方法,执行数据的删除操作。

```
    //数据删除
    public static bool deleteUserInfo(string userid)
    {
        string sql = String.Format("delete UserInfo where Userid ='{0}'",userid);
        return dataAccess.ExecuteSQL(sql);
    }
```

自定义方法 getUserInfo( )，该方法是用来查询用户信息的。该方法的返回值是一个数据集 DataSet，包含一个参数，该参数是用户实体类 UserInfoData 的对象。在该方法中，首先定义一个字符串变量作为查询的条件的初值。判断用户名如果不为空，那么将用户实体类的对象 data 的 Userid 属性作为用户名字段的值，将这个条件加入变量 condition 中。判断用户权限如果不为空，那么将用户实体类的对象 data 的 Userlevel 属性作为用户权限字段的值，将这个条件加入变量 condition 中。使用 select 语句定义查询条件，从 UserInfo 表中查询字段 Userid 和 Userlevel 字段的值，分别在窗体上显示用户名和用户权限。将查询语句作为参数传递给数据访问类的 dataAccess 对象的 GetDataSet( )方法，返回的类型为数据集 DataSet。

```
    //数据查询
    public static DataSet getUserInfo(UserInfoData data)
    {
        string condition = "";
        if(data.Userid != null && data.Userid != "")
        {
            condition += " and Userid ='" + data.Userid + "'";
        }
        if(data.Userlevel != null && data.Userlevel != "")
        {
            condition += " and Userlevel ='" + data.Userlevel + "'";
        }
        string sql = "select Userid 用户名,Userlevel 用户权限 from UserInfo where 1 =1 " + condition;
        return dataAccess.GetDataSet(sql,"UserInfo");
    }
```

自定义方法 getUserInfoAll( )，该方法是用来修改用户密码。该方法的返回值是一个数据集 DataSet，包含一个参数，该参数是用户实体类 UserInfoData 的对象。在该方法中，首先定义一个字符串变量作为查询的条件的初值。判断用户名如果不为空，那么将用户实体类的对象 data 的 Userid 属性作为用户名字段的值，将这个条件加入变量 condition 中。判断用户权限如果不为空，那么将用户实体类的对象 data 的 Userlevel 属性作为用户权限字段的值，将这个条件加入变量 condition 中。使用 select 语句定义查询条件，从 UserInfo 表中查询字段Userid、Use-

rpwd 和 Userlevel 字段的值。将查询语句作为参数传递给数据访问类的 dataAccess 对象的 GetDataSet( )方法,该方法返回的类型为数据集 DataSet。

```
//为修改密码使用
public static DataSet getUserInfoAll(UserInfoData data)
{
    string condition = "";
    if(data.Userid != null && data.Userid != "")
    {
        condition += " and Userid ='" + data.Userid + "'";
    }
    if(data.Userlevel != null && data.Userlevel != "")
    {
        condition  += " and Userlevel ='" + data.Userlevel + "'";
    }
  string sql = "select Userid,Userpwd,Userlevel from UserInfo where 1
=1 " + condition;
    return dataAccess.GetDataSet(sql,"UserInfo");
}
```

5.4.5 任务5:成绩操作类

StuGradeOperation. cs 类的访问修饰符设为 public,这样才可以被其他类访问。

StuGradeOperation. cs 类主要是实现对学生成绩的操作,针对数据库中的 StuGrade 表进行增、删、改、查操作。定义 StuGradeOperation. cs 类的形式如下所示:

```
public class StuGradeOperation
{
}
```

在该类中,定义的方法都是需要调用数据访问类 DataAccess. cs 中的方法,因此需要首先实例化数据访问类 DataAccess 类的对象。定义的代码如下所示:

```
private static DataAccess dataAccess = new DataAccess();
```

自定义方法 insertStuGrade( ),用来将学生成绩插入数据表 StuGrade 中。该方法的返回值类型为布尔类型,方法中只有一个参数,该参数是学生成绩实体类 StuGradeData 的对象。在该方法中,使用 insert 定义 SQL 语句,将学生成绩实体类 StuGradeData 的对象 stuGrade 中的属性作为字段的值。将这个 SQL 语句作为参数传递给 DataAccess 类的 ExecuteSQL( )方法,执行数据的插入操作。

```
    //插入成绩信息
    public static bool insertStuGrade(StuGradeData stuGrade)
    {
        string sql ="insert into StuGrade(Sno,Cno,Gradepeacetime,
Gradeexpriment,Gradelast, Grade) values ('" + stuGrade.Sno + "','" +
stuGrade.Cno + "'," + stuGrade.Gradepeacetime + "," + stuGrade.Grade-
expriment +"," +stuGrade.Gradelast +"," +stuGrade.Grade +")";
        return dataAccess.ExecuteSQL(sql);
    }
```

自定义方法 updateStuGrade( ),用来将学生成绩信息更新到数据表 StuGrade 中。该方法的返回值类型为布尔类型,方法中只有一个参数,该参数是教师实体类 StuGradeData 的对象。在该方法中,使用 update 定义 SQL 语句,根据学生学号和课程编号,将学生成绩实体类 StuGrade-Data 的对象 stuGrade 中的属性作为字段的值。将这个 SQL 语句作为参数传递给 DataAccess 类的 ExecuteSQL( )方法,执行数据的修改操作。

```
    //修改成绩信息
    public static bool updateStuGrade(StuGradeData stuGrade)
    {
        string sql = " update StuGrade set Gradepeacetime = " +
stuGrade.Gradepeacetime + ",Gradeexpriment = " + stuGrade.Gradeexpri-
ment +",Gradelast = " +stuGrade.Gradelast +",Grade = " +stuGrade.Grade
 +" where Sno ='" +stuGrade.Sno +"' and Cno ='" +stuGrade.Cno +"'";
        return dataAccess.ExecuteSQL(sql);
    }
```

自定义方法 deleteStuGrade( ),用来将学生成绩信息从数据表 StuGrade 中删除。该方法的返回值类型为布尔类型,方法中有两个参数,分别是学生的学号和课程的编号。在该方法中,使用 delete 定义 SQL 语句,根据学生学号和课程编号,删除学生成绩。将这个 SQL 语句作为参数传递给 DataAccess 类的 ExecuteSQL( )方法,执行数据的删除操作。

```
            //删除成绩信息
            public static bool deleteStuGrade(string sno,string cno)
            {
  string sql =String.Format("delete StuGrade where Sno ='{0}' and Cno ='
{1}'",sno,cno);
                return dataAccess.ExecuteSQL(sql);
            }
```

自定义方法 getStuGrade( ),该方法是用来查询学生成绩信息的。该方法的返回值是一个数据集 DataSet,包含一个参数,该参数是学生实体类 StuGradeData 的对象。在该方法中,首先

定义一个字符串变量作为查询的条件的初值。判断学号如果不为空，那么将学生成绩实体类的对象 stuGrade 的 Sno 属性作为学号字段的值，将这个条件加入变量 condition 中。判断课程编号如果不为空，那么将学生成绩实体类的对象 stuGrade 的 Cno 属性作为课程编号字段的值，将这个条件加入变量 condition 中。使用 select 语句定义查询条件，从 StudentInfo、CourseInfo 和 StuGrade 表中查询 Sno、Sname、Cno、Kcname、Gradepeacetime、Gradeexpriment、Gradelast 和 Grade 字段的值，分别在窗体上显示学号、学生姓名、课程编号、课程名称、平时成绩、实验成绩、期末成绩和总成绩，条件是 StudentInfo 表中的学号 Sno 字段的值等于 StuGrade 表中的 Sno 字段的值，并且 CourseInfo 表中的 Kcid 字段的值等于 StuGrade 表中的 Cno 字段的值。将查询语句作为参数传递给数据访问类的 dataAccess 对象的 GetDataSet( )方法，该方法返回的类型为数据集 DataSet。

```
    //获取查询的成绩信息
    public static DataSet getStuGrade(StuGradeData stuGrade)
    {
        string condition = "";
        if(stuGrade.Sno != null && stuGrade.Sno != "")
        {
            condition  += " and a.Sno ='" + stuGrade.Sno + "'";
        }
        if(stuGrade.Cno != null && stuGrade.Cno != "")
        {
            condition  += " and b.Kcid ='" + stuGrade.Cno + "'";
        }
        string sql = "select c.Sno 学号,a.Sname 学生姓名,c.Cno 课程编号,
b.Kcname 课程名称,c.Gradepeacetime 平时成绩,c.Gradeexpriment 实验成绩,c.
Gradelast 期末成绩,c.Grade 总成绩 from StudentInfo a,CourseInfo b,
StuGrade c where a.Sno = c.Sno and b.Kcid = c.Cno " + condition;
        return dataAccess.GetDataSet(sql,"StuGrade");
    }
```

5.4.6 任务6:专业操作类

SpecialtyOperation. cs 类的访问修饰符设为 public，这样才可以被其他类访问。

SpecialtyOperation. cs 类主要是实现对专业信息的操作，针对数据库中的 SpecialtyInfo 表进行增、删、改、查操作。定义 SpecialtyOperation. cs 类的形式如下所示：

```
public class SpecialtyOperation
{
}
```

在该类中，定义的方法都是需要调用数据访问类 DataAccess. cs 中的方法，因此需要首先

实例化数据访问类 DataAccess 类的对象。定义的代码如下所示：

```
private static DataAccess dataAccess = new DataAccess();
```

自定义方法 insertSpecialty( )，用来将专业信息插入数据表 SpecialtyInfo 中。该方法的返回值类型为布尔类型，方法中只有一个参数，该参数是专业实体类 SpecialtyInfoData 的对象。在该方法中，使用 insert 定义 SQL 语句，将专业实体类 SpecialtyInfoData 的对象 specialtyInfoData 中的属性作为字段的值。将这个 SQL 语句作为参数传递给 DataAccess 类的 ExecuteSQL( ) 方法，执行数据的插入操作。

```
    //数据插入
    public static bool insertSpecialty(SpecialtyInfoData specialty-
InfoData)
    {
        string sql = "insert into SpecialtyInfo(Specialtyid,Spe-
cialtymc) values('" + specialtyInfoData.Specialtyid + "','" + specialtyIn-
foData.Specialtymc + "')";
        return dataAccess.ExecuteSQL(sql);
    }
```

自定义方法 updateSpecialty( )，用来将专业信息更新到数据表 SpecialtyInfo 中。该方法的返回值类型为布尔类型，方法中只有一个参数，该参数是专业实体类 SpecialtyInfoData 的对象。在该方法中，使用 update 定义 SQL 语句，根据专业的编号，将专业实体类 SpecialtyInfoData 的对象 specialtyInfoData 中的属性作为字段的值。将这个 SQL 语句作为参数传递给 DataAccess 类的 ExecuteSQL( ) 方法，执行数据的修改操作。

```
    //数据修改
    public static bool updateSpecialty(SpecialtyInfoData specialty-
InfoData)
    {
        string sql = "update SpecialtyInfo set Specialtymc = '" + spe-
cialtyInfoData.Specialtymc + "' where Specialtyid = '" + specialtyInfoDa-
ta.Specialtyid + "'";
        return dataAccess.ExecuteSQL(sql);
    }
```

自定义方法 deleteSpecialty( )，用来将专业信息从数据表 SpecialtyInfo 中删除。该方法的返回值类型为布尔类型，方法中只有一个参数，该参数是专业编号变量。在该方法中，使用delete定义 SQL 语句，根据专业编号，删除专业信息。将这个 SQL 语句作为参数传递给 DataAccess 类的 ExecuteSQL( ) 方法，执行数据的删除操作。

```
    //数据删除
    public static bool deleteSpecialty(string specialtyid)
```

```
    {
        string sql = "delete SpecialtyInfo where Specialtyid ='" + spe-
cialtyid + "'";
        return dataAccess.ExecuteSQL(sql);
    }
```

自定义方法 getSpecialty( ),该方法是用来查询专业信息的。该方法的返回值是一个数据集 DataSet,包含一个参数,该参数是专业实体类 SpecialtyInfoData 的对象。在该方法中,首先定义一个字符串变量作为查询的条件的初值。判断专业编号如果不为空,那么将专业实体类的对象 specialtyInfoData 的 Specialtyid 属性作为专业编号字段的值,将这个条件加入变量 condition 中。判断专业名称如果不为空,那么将专业实体类的对象 specialtyInfoData 的 Specialtymc 属性作为专业名称字段的值,使用关键字 like 进行模糊查询,将这个条件加入变量 condition 中。使用 select 语句定义查询条件,从 SpecialtyInfo 表中查询字段 Specialtyid 和 Specialtymc 字段的值,分别在窗体上显示专业 ID 和专业名称。将查询语句作为参数传递给数据访问类的 dataAccess 对象的 GetDataSet( )方法,该方法返回的类型为数据集 DataSet。

```
    //数据查询
    public static DataSet getSpecialty(SpecialtyInfoData specialty-
InfoData)
    {
        string condition = "";
        if(specialtyInfoData.Specialtyid != null && specialtyInfoDa-
ta.Specialtyid != "")
        {
            condition  += " and Specialtyid ='" + specialtyInfoData.
Specialtyid + "'";
        }
        if(specialtyInfoData.Specialtymc != null && specialtyInfoDa-
ta.Specialtymc != "")
        {
         condition  += " and Specialtymc like '% " + specialtyInfoDa-
ta.Specialtymc + "% '";
        }
        string sql = "select Specialtyid 专业 ID,Specialtymc 专业名称
from SpecialtyInfo where 1 = 1 " + condition;
        return dataAccess.GetDataSet(sql,"Specialty");
    }
```

自定义方法 getallsp( ),该方法的返回值为数据集 DataSet,无参数。在该方法中,使用 select 语句查询 SpecialtyInfo 数据表中的 Specialtyid 和 Specialtymc 字段的值,并将该 SQL 语句作为参数

传递给数据访问类的 dataAccess 对象的 GetDataSet( )方法,该方法返回的类型为数据集 DataSet。

```
    public static DataSet getallsp()
    {
        string sql = "select Specialtyid,Specialtymc from Specialty-
Info";
        return dataAccess.GetDataSet(sql,"Spe");
    }
```

5.4.7 任务7:课程操作类

CourseInfoOperation. cs 类的访问修饰符设为 public,这样才可以被其他类访问。

CourseInfoOperation. cs 类主要是实现对课程信息的操作,针对数据库中的 CourseInfo 表进行增、删、改、查操作。定义 CourseInfoOperation. cs 类的形式如下所示:

```
    public class CourseInfoOperation
    {
    }
```

在该类中,定义的方法都是需要调用数据访问类 DataAccess. cs 中的方法,因此需要首先实例化数据访问类 DataAccess 类的对象。定义的代码如下所示:

```
    private static DataAccess dataAccess = new DataAccess();
```

自定义方法 insertCourseInfo( ),用来将课程信息插入数据表 CourseInfo 中。该方法的返回值类型为布尔类型,方法中只有一个参数,该参数是课程实体类 CourseInfoData 的对象。在该方法中,使用 insert 定义 SQL 语句,将课程实体类 CourseInfoData 的对象 courseInfoData 中的属性作为字段的值。将这个 SQL 语句作为参数传递给 DataAccess 类的 ExecuteSQL( )方法,执行数据的插入操作。

```
    //向数据库的 CourseInfo 表中插入课程信息记录
    public static bool insertCourseInfo(CourseInfoData courseInfoDa-
ta)
    {
        string sql = " insert into CourseInfo ( Kcid, Kcname, Perio-
dexpriment,Periodteaching,Credit,Coursetype) values('" + courseInfoDa-
ta.Kcid + " ', '" + courseInfoData.Kcname + " '," + courseInfoDa-
ta.Periodexpriment + "," + courseInfoData.Periodteaching + "," + cour-
seInfoData.Credit + ",'" + courseInfoData.Coursetype + "')";
        return dataAccess.ExecuteSQL(sql);
    }
```

自定义方法 updateCourseInfo( ),用来将课程信息更新到数据表 CourseInfo 中。该方法的

返回值类型为布尔类型，方法中只有一个参数，该参数是课程实体类 CourseInfoData 的对象。在该方法中，使用 update 定义 SQL 语句，根据课程的编号，将课程实体类 CourseInfoData 的对象 courseInfoData 中的属性作为字段的值。将这个 SQL 语句作为参数传递给 DataAccess 类的 ExecuteSQL( ) 方法，执行数据的修改操作。

```
    //修改课程信息记录
    public static bool updateCourseInfo(CourseInfoData courseInfoData)
    {
        string sql = "update CourseInfo set Kcname ='" + courseInfoData.Kcname + "',Periodexpriment = " + courseInfoData.Periodexpriment + ",Periodteaching = " + courseInfoData.Periodteaching + ",Credit = " + courseInfoData.Credit + ", Coursetype = '" + courseInfoData.Coursetype + "' where Kcid ='" + courseInfoData.Kcid + "'";
        return dataAccess.ExecuteSQL(sql);
    }
```

自定义方法 deleteCourseInfo( )，用来将课程信息从数据表 CourseInfo 中删除。该方法的返回值类型为布尔类型，方法中只有一个参数，该参数是课程编号变量。在该方法中，使用 delete 定义 SQL 语句，根据课程的编号，删除课程信息。将这个 SQL 语句作为参数传递给 DataAccess 类的 ExecuteSQL( ) 方法，执行数据的删除操作。

```
    //删除课程信息记录
    public static bool deleteCourseInfo(string kcid)
    {
        string sql = String.Format("delete CourseInfo where Kcid ='{0}'",kcid);
        return dataAccess.ExecuteSQL(sql);
    }
```

自定义方法 getCourseInfo( )，该方法是用来查询课程信息的。该方法的返回值是一个数据集 DataSet，包含一个参数，该参数是课程实体类 CourseInfoData 的对象。在该方法中，首先定义一个字符串变量作为查询的条件的初值。判断课程编号如果不为空，那么将课程实体类的对象 courseInfoData 的 Kcid 属性作为课程编号字段的值，将这个条件加入变量 condition 中。判断课程名字如果不为空，那么将课程实体类的对象 courseInfoData 的 Kcname 属性作为学生姓名字段的值，将这个条件加入变量 condition 中。判断课程类型如果不为空，那么将课程实体类的对象 courseInfoData 的 Coursetype 属性作为课程类型字段的值，将这个条件加入变量 condition 中。使用 select 语句定义查询条件，从 CourseInfo 表中查询字段 Kcid、Kcname、Periodexpriment、Periodteaching、Credit 和 Coursetype 字段的值，分别在窗体上显示课程编号、课程名称、实验学时、讲课学时、总学分和课程类型。将查询语句作为参数传递给数据访问类的 dataAccess 对象的 GetDataSet( ) 方法，该方法返回的类型为数据集 DataSet。

```
    //获取课程信息
    public static DataSet getCourseInfo(CourseInfoData courseInfoDa-
ta)
    {
        string condition = "";
        if(courseInfoData.Kcid !=null && courseInfoData.Kcid != "")
        {
            condition  += " and Kcid ='" +courseInfoData.Kcid + "'";
        }
        if(courseInfoData.Kcname !=null && courseInfoData.Kcname != "")
        {
            condition  += " and Kcname ='" +courseInfoData.Kcname + "'";
        }
        if(courseInfoData. Coursetype  ! =  null  &&  courseInfoDa-
ta.Coursetype != "")
        {
            condition  += " and Coursetype ='" + courseInfoData.Cour-
setype + "'";
        }
        string sql = "select Kcid 课程编号,Kcname 课程名称,Periodexpri-
ment 实验学时,Periodteaching 讲课学时,Credit 总学分,Coursetype 课程类型
from CourseInfo where 1 =1 " +condition;
        return dataAccess.GetDataSet(sql,"CourseInfo");
    }
```

5.4.8 任务8:班级操作类

ClassInfoOperation. cs 类的访问修饰符设为 public,这样才可以被其他类访问。

ClassInfoOperation. cs 类主要是实现对班级信息的操作,针对数据库中的 ClassInfo 表进行增、删、改、查操作。定义 ClassInfoOperation. cs 类的形式如下所示:

```
public class ClassInfoOperation
{
}
```

在该类中,定义的方法都是需要调用数据访问类 DataAccess. cs 中的方法,因此需要首先实例化数据访问类 DataAccess 类的对象。定义的代码如下所示:

```
private static DataAccess dataAccess =new DataAccess();
```

自定义方法 insertClassInfo( ),用来将班级信息插入数据表 ClassInfo 中。该方法的返回值类型为布尔类型,方法中只有一个参数,该参数是班级实体类 ClassInfoData 的对象。在该方法中,使用 insert 定义 SQL 语句将班级实体类 ClassInfoData 的对象 classInfoData 中的属性作为字段的值。将这个 SQL 语句作为参数传递给 DataAccess 类的 ExecuteSQL( )方法,执行数据的插入操作。

```
    //插入数据
    public static bool insertClassInfo(ClassInfoData classInfoData)
    {
        string sql = "insert into ClassInfo(Classid,Specialtyid,Stu-
dentnumber,Remark) values('" + classInfoData.Classid + "','" + classInfo-
Data.Specialtyid + "'," + classInfoData.Studentnumber + ",'" + classInfo-
Data.Remark + "')";
        return dataAccess.ExecuteSQL(sql);
    }
```

自定义方法 updateClassInfo( ),用来将课程信息更新到数据表 ClassInfo 中。该方法的返回值类型为布尔类型,方法中只有一个参数,该参数是课程实体类 ClassInfoData 的对象。在该方法中,使用 update 定义 SQL 语句,根据课程的编号,将课程实体类 ClassInfoData 的对象 classInfoData 中的属性作为字段的值。将这个 SQL 语句作为参数传递给 DataAccess 类的 ExecuteSQL( )方法,执行数据的修改操作。

```
    //修改数据
    public static bool updateClassInfo(ClassInfoData classInfoData)
    {
        string sql = "update ClassInfo set Specialtyid ='" + classInfo-
Data.Specialtyid + "', Studentnumber = " + classInfoData.Studentnumber
 + ",Remark ='" + classInfoData.Remark + "' where Classid ='" + classInfoDa-
ta.Classid + "'";
        return dataAccess.ExecuteSQL(sql);
    }
```

自定义方法 deleteClassInfo( ),用来将班级信息从数据表 ClassInfo 中删除。该方法的返回值类型为布尔类型,方法中只有一个参数,该参数是班级的编号变量。在该方法中,使用 delete 定义 SQL 语句,根据班级的编号,删除班级信息。将这个 SQL 语句作为参数传递给 DataAccess 类的 ExecuteSQL( )方法,执行数据的删除操作。

```
    //删除数据
    public static bool deleteClassInfo(string classId)
```

```
    {
        string sql = String.Format("delete ClassInfo where Classid =
'{0}'",classId);
        return dataAccess.ExecuteSQL(sql);
    }
```

自定义方法 deleteclass(),用来将班级信息从数据表 ClassInfo 中删除。该方法的返回值类型为布尔类型,方法中有两个参数,分别是班级编号变量和专业编号变量。在该方法中,使用 delete 定义 SQL 语句,根据班级编号和专业编号,删除班级信息。将这个 SQL 语句作为参数传递给 DataAccess 类的 ExecuteSQL()方法,执行数据的删除操作。

```
    public static bool deleteclass(string id,string sid)
    {
        string sql = "delete ClassInfo where Classid ='" + id + "' and
Specialtyid ='" + sid + "'";
        return dataAccess.ExecuteSQL(sql);
    }
```

自定义方法 getClassInfo(),该方法是用来查询班级信息的。该方法的返回值是一个数据集 DataSet,包含一个参数,该参数是班级实体类 ClassInfoData 的对象。在该方法中,首先定义一个字符串变量作为查询的条件的初值。判断班级编号如果不为空,那么将班级实体类的对象 classInfoData 的 Classid 属性作为班级编号字段的值,将这个条件加入变量 condition 中。判断专业编号如果不为空,那么将班级实体类的对象 classInfoData 的 Specialtyid 属性作为专业编号字段的值,将这个条件加入变量 condition 中。判断班级人数如果不为空,那么将班级实体类的对象 classInfoData 的 Studentnumber 属性作为班级人数字段的值,将这个条件加入变量 condition 中。判断班级备注如果不为空,那么将班级实体类的对象 classInfoData 的 Remark 属性作为备注字段的值,将这个条件加入变量 condition 中。使用 select 语句定义查询条件,从 SpecialtyInfo 表和 ClassInfo 表中查询 Classid、Specialtymc、Studentnumber 和 Remark 字段的值,分别在窗体上显示班级名称、专业名称、学生人数和备注,条件是 SpecialtyInfo 表中Specialtyid字段的值等于 ClassInfo 表中 Specialtyid 字段的值。将查询语句作为参数传递给数据访问类的 dataAccess 对象的 GetDataSet()方法,该方法返回的类型为数据集 DataSet。

```
    //获取数据
    public static DataSet getClassInfo(ClassInfoData classInfoData)
    {
        string condition = "";
        if(classInfoData.Classid !=null && classInfoData.Classid != "")
        {
            condition  += " and Classid ='" +classInfoData.Classid + "'";
        }
```

```
        if(classInfoData.Specialtyid != null && classInfoData.Spe-
cialtyid != "")
        {
            condition += " and a.Specialtyid ='" + classInfoData.Spe-
cialtyid + "'";
        }
        if(classInfoData.Studentnumber !=0 )
        {
            condition += " and Studentnumber = " + classInfoData.Stu-
dentnumber;
        }
        if(classInfoData.Remark !=null && classInfoData.Remark != "")
        {
            condition += " and Remark like '% " + classInfoData.Remark
+ "% '";
        }
        string sql = "select b.Classid 班级名称,a.Specialtymc 专业名称,
b.Studentnumber 学生人数,b.Remark 备注 from SpecialtyInfo a,ClassInfo b
where a.Specialtyid = b.Specialtyid " + condition;
        return dataAccess.GetDataSet(sql,"ClassInfo");
    }
```

5.5 本项目实施过程中可能出现的问题

本项目的实施内容,主要是创建学生成绩管理系统中所使用的操作类。但是在项目实施过程中,会存在或多或少的问题。主要问题如下所示:

1. 方法中所使用的 SQL 语句问题

在定义每一个操作类中方法的时候,需要注意数据表中字段的类型,如果该字段的类型是整型,那么变量可以直接赋值。但是如果该字段的数据类型为字符串类型,那么需要将变量的值用单引号括起来之后赋值给数据表中的字段。

2. 模糊查询的问题

当查询数据信息的时候,大多数的时候可以进行模糊查询,也就是只要包含用户输入的内容即可,那么可以使用 SQL 语法中的关键字 like。如果只要包含用户在界面中输入的内容,那么可以用'% +变量+%'表示。

3. 数据库连接的问题

在 ADO. NET 数据库访问技术中,首先需要创建的是数据库连接对象 SqlConnection,即使

设置了数据库连接语句，也需要打开数据库的连接，需要用到 Open()方法连接数据库。

5.6 后续项目

定义了所有的实体类和与数据相关的操作类之后，需要建立所有用户使用的窗体和调用这些操作类中方法的事件。

子项目 6
学生成绩管理系统窗体和事件应用

6.1 项目任务

在本子项目中要完成以下任务：

1. 创建学生成绩管理系统中的各个窗体
2. 实现对用户、学生、教师、班级、专业、课程、成绩信息的增、删、改、查功能

具体任务指标如下：

创建学生成绩管理系统的窗体：Login. cs 登录窗体、Frmcjg1. cs 主窗体、Frmaddcj. cs 添加成绩窗体、FrmaddClass. cs 窗体班级窗体、FrmaddCourseInfo. cs 添加课程信息窗体、Frmaddstu. cs 添加学生窗体、Frmaddteacher. cs 添加教师窗体、FrmaddUser. cs 添加用户窗体、Frmaddzyxx. cs 添加专业窗体、Frmcjcx. cs 成绩查询窗体、Frmclasscx. cs 班级查询窗体、FrmCourseInfoCx. cs 课程查询窗体、Frmmmxg. cs 用户修改密码窗体、Frmstuxxcx. cs 学生查询窗体、Frmteachercx. cs 教师查询窗体、Frmusercx. cs 用户查询窗体、Frmzyxxcx. cs 专业查询窗体

6.2 项目的提出

窗体是进行用户体验的最好方式，当用户使用学生成绩管理系统的时候，窗体是用户直接使用的界面，因此需要设计合理并便于用户操作。

6.3 实施项目的预备知识

预备知识的重点内容：

1. 掌握窗体上控件的创建过程
2. 掌握控件的使用方法
3. 掌握在窗体上如何调用其他事件

关键术语：

事件：是可以被控件识别的操作，如按下“确定”按钮，选择某个单选按钮或者复选框。每一种控件有自己可以识别的事件，如窗体的加载、单击、双击等事件，编辑框（文本框）的文本改变事件，等等。事件有系统事件和用户事件。系统事件由系统激发，如时间每隔 24 小时，银行储户的存款日期增加一天。用户事件由用户激发，如用户单击按钮，在文本框中显示特定的文本。事件驱动控件执行某项功能。触发事件的对象称为事件发送者；接收事件的对象称为事件接收者。

窗体：可以是标准窗体、多文档界面（MDI）窗体、对话框或图形化的显示界面。窗体是对象，这些对象公开定义其外观的属性、其行为的方法、用于用户交互的事件。通过设置窗体的属性及编写响应其事件的代码，可自定义该对象以满足应用程序的要求。Windows 窗体其实也是控件，因为它是从 Control 类中继承的。Control 类为定义窗体及控件的基类。Form 为窗体类，用来构造窗体，其他标准 Windows 控件类均派生于 Control 类。

文本控件：Lable 控件（是最常用的 Windows 窗体控件）、TextBox 控件（显示和输入多行文本）、RichTextBox 控件（提供具有打开和保存文件的功能的方法）、MashedTextBox 控件（增强型的 TextBox 控件，支持用于接收或拒绝用户输入的声明性语法）。

预备知识的内容结构：

常用控件
- 进度条
- PictureBox 图片框
- 文本框
- 按钮
- Windows 窗体及事件
- 复选框
- 单选按钮
- 列表框
- DataGridView

预备知识：

当设计和修改 Windows 窗体应用程序的用户界面时，需要添加、对齐和定位控件。控件是包含在窗体对象内的对象。每种类型的控件都具有其自己的属性集、方法和事件，以使该控件适合于特定用途。可以在设计器中操作控件，并编写代码以便在运行时动态添加控件。

控件是 VS 2010 为开发人员提供的一种便捷方式，开发人员可以通过拖曳控件，方便地设计程序的界面，并通过控件的事件来捕获用户的操作。控件是用户和程序交互的中间层。本节从常用的几种控件出发，学习如何使用控件，开发更友好的应用程序。

6.3.1 进度条

进度条是日常计算机操作中，常见的一种进度表示方式，在安装软件时，用户可以通过进

度条了解安装的进度。

本例通过一个完整的实例,演示如何在 Windows 应用程序中设计进度条。步骤如下。

①打开 VS 2010,新建一个 Windows 应用程序,命名为“进度条”。

②在默认的“Form1”窗体中,拖放 1 个“ProgressBar”控件和两个“Button”按钮。设计窗体的最终布局如图 6.1 所示。

③双击“开始”按钮,切换到按钮的“button1_Click”事件中,书写让进度条开始移动的代码,如下所示。

```
private void button1_Click(object sender,EventArgs e)
{
    int j;
    for(int i =0;i <=1000000;i ++)
    {
        Math.DivRem(i,1000,out j);//判断是否是1000 的倍数
        if(j ==0)
            progressBar1.PerformStep();//增进一步
    }
}
```

④双击“重置”按钮,切换到按钮的“button2_Click”事件中,书写重置进度条的代码如下所示。

```
private void button2_Click(object sender,EventArgs e)
{
    progressBar1.Value =0;//初始化
}
```

⑤按 F5 键运行程序,本例的运行效果如图 6.2 所示。

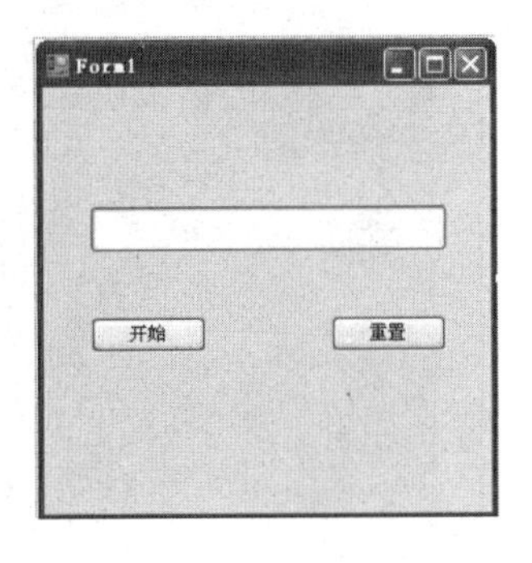

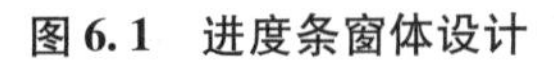

图 6.1　进度条窗体设计

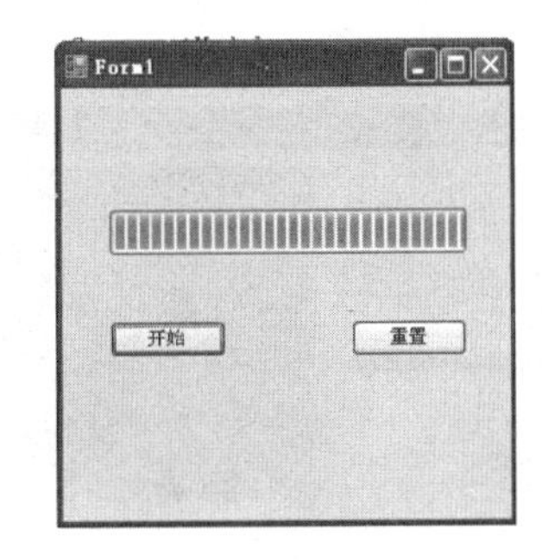

图 6.2　进度条运行结果

通过上面的实例可以发现,进度条的操作通过其属性和方法完成。表 6.1 列出了进度条常用的方法和属性。

表 6.1　进度条常用的方法和属性

属性或方法名	属性或方法	说　明
Value	属性	进度条的当前进度值
Maximum	属性	进度条的最大值
Minimum	属性	进度条的最小值
Step	属性	进度条每增进一步的步长
RightToLeft	属性	进度条的绘制方向，默认从左到右
PerformStep	方法	进度条的进度往前一步

6.3.2　PictureBox 图片框控件

在窗体中显示图像，并不能将图像直接放在 Form 中，而必须借助于图像容器“PictureBox”。本节借助一个小的例子，介绍如何在窗体中显示图片。

本例将 Windows XP 操作系统提供的一个图片显示在应用程序的窗体上，演示步骤如下所示。

①拖放一个“PictureBox”控件到窗体中，此时窗体中只是多了一个方框。

②选中“PictureBox”控件，按 F4 键打开其属性设置界面，如图 6.3 所示。

③属性窗口中的“Image”项用来设置图片文件的位置，单击此项后面的“…”按钮，打开如图 6.4 所示的“选择资源”对话框。

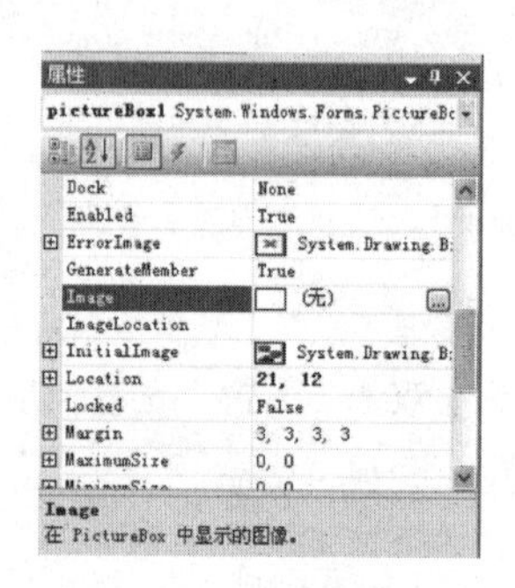

图 6.3　“属性”窗口

④单击“导入”按钮，出现“打开”对话框，在这里选择要显示的图片。

⑤单击“打开”按钮，此时窗体的效果如图 6.5 所示。

图 6.4　“选择资源”对话框

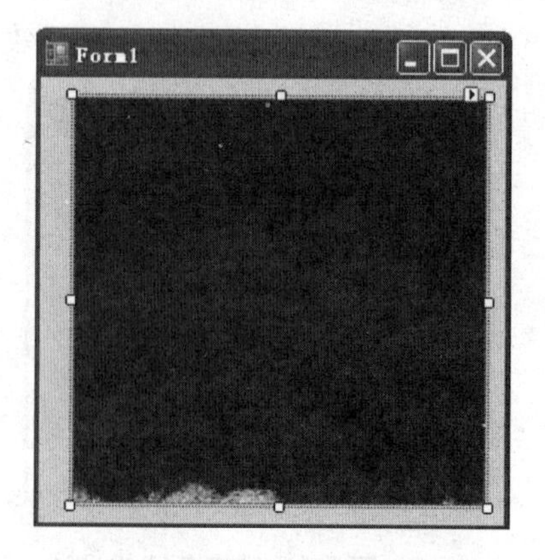

图 6.5　带图片的窗体

⑥按 F5 键运行程序，可以看到 PictureBox 的运行效果。

上面演示的是一个最普通的图片框，为了程序需要，有时候还需要为这些图像设置更多的特性，如让图片带菜单、设置图片的边框等。表 6.2 详细列出了这些属性，并进行了说明。

表 6.2　图片框常用的方法和属性

属性或方法名	属性或方法	说　　明
ContextMenuStrip	属性	用户右击图像时弹出的菜单
Cursor	属性	鼠标移动到图像上时的形状
Image	属性	设置所显示的图像的位置
Margin	属性	图像距上、下、左、右 4 个边的距离
Show	方法	显示该控件
Hide	方法	隐藏控件的显示

6.3.3　文本框控件与按钮控件

文本框控件和按钮控件是最常用的两种交互控件。文本框控件容纳用户输入的信息,而按钮控件则将用户的信息提交到服务器。文本框和按钮控件的运行效果如图 6.6 所示。下面举一个应用的例子,来演示文本框和控件的用法。

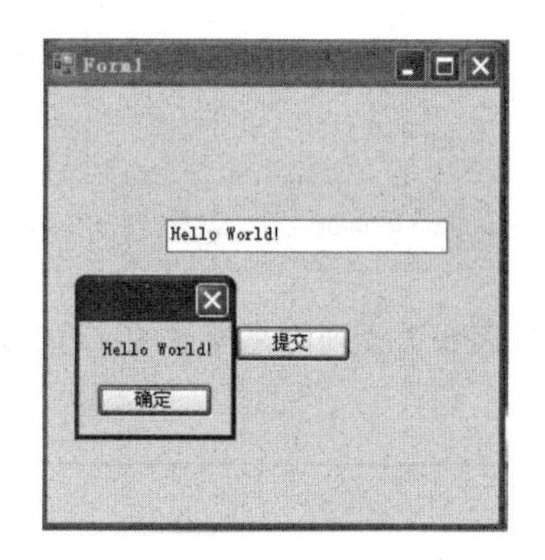

图 6.6　文本框和按钮控件的运行效果

①拖放一个"TextBox"和"Button"控件到窗体中。

②双击"提交"按钮,就会切换到按钮的"Click"事件中,此处可书写用户单击"提交"按钮时应该发生的动作。代码如下所示。其中"MessgaeBox"用来显示一个对话框,而"textbox1. txt"则是获取文本框中用户输入的内容。

```
private void button1_Click(object sender,EventArgs e)
{
    MessageBox.Show(textBox1.Text);
}
```

③按 F5 键运行程序。在文本框内输入"Hello World!",单击"提交"按钮,看看会出现什么样的运行效果。

文本框控件和按钮控件的使用都非常简单,通过这个实例可以轻松地掌握其运用规则。选中某个控件,按 F4 键就会出现这个控件的一些属性,通过浏览这些属性,可以挖掘出这些控件的更大用途。

6.3.4　Windows 窗体及事件

Windows 窗体的默认名称是"Form1. cs",其包含两部分:界面和代码。其中代码又由多部分组成,图 6.7 用图形的方式说明了 Windows 窗体的架构。

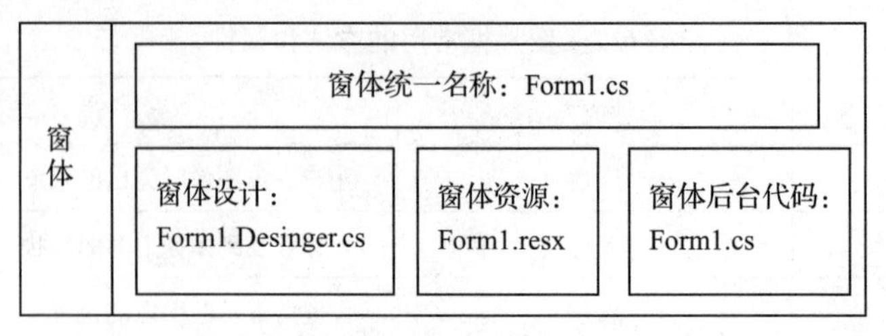

图 6.7 Windows 窗体的架构

现在的很多开发都被称为事件驱动型开发。什么是事件呢？就是用户操作窗体,或窗体自身状态发生变化时所引起的一系列动作。如窗体的“加载”事件,就是当窗体初次运行时,需要执行的一些操作。

事件的使用语法如下所示。

```
private void Form1_Load(object sender,EventArgs e)
{
    MessageBox.Show("窗体正在加载过程中........");
}
```

表 6.3 罗列的是窗体的一些通用事件,以及这些事件的说明。

表 6.3 窗体的通用事件

事件名称	说　明
Activated	窗体激活时触发的事件
AutoSizeChanged	窗体大小发生改变时触发的事件
Click	窗体被单击时触发的事件
ControlAdded	在窗体中添加控件时触发的事件
FormClosed	窗体关闭时触发的事件
KeyPress	敲键盘上的键时触发的事件
Load	窗体加载时触发的事件
MouseClick	鼠标单击窗体时触发的事件
Scroll	滚动窗体时触发的事件
Validated	验证窗体触发的事件

6.3.5 复选框和单选按钮

复选(CheckBox)和单选按钮(RadioButton)是用户选择数据的一种方式,主要为了通过不同的选择,给数据进行分类。复选框和单选框的运行效果如图 6.8 所示。

在复选框中,用户可以选择一到多个不同的选项,服务器通常使用遍历的方法获取用户的选择。

下面的例子演示如何获取图6.8中用户选择的复选框内容,其中实现复选框选择的流程如图6.9所示。

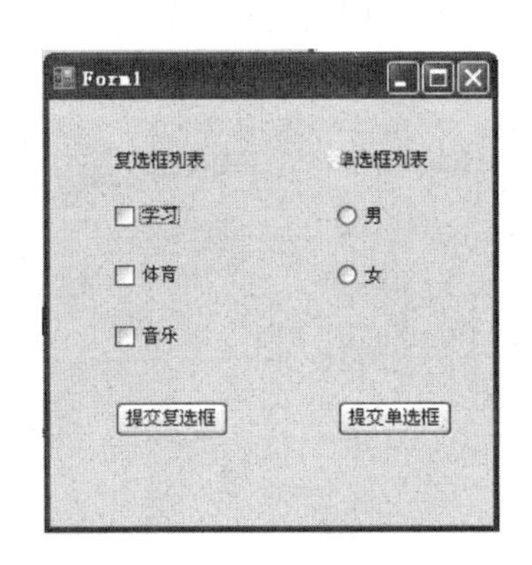

图6.8　复选框和单选框的运行效果

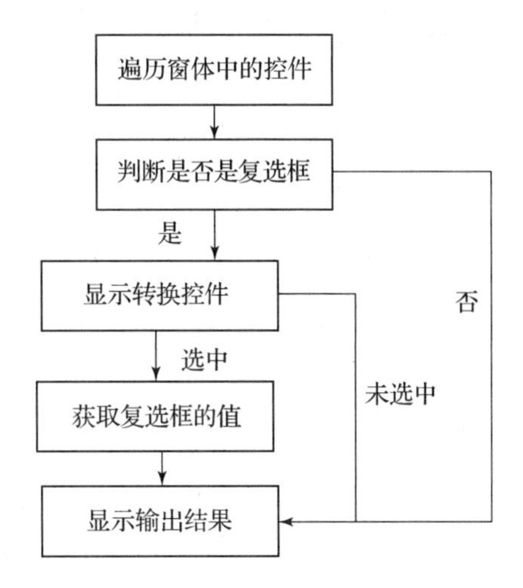

图6.9　实现复选框选择的流程

①双击"提交复选框"按钮,切换到代码视图。书写如下所示的代码。

```
private void button1_Click(object sender,EventArgs e)
{
    //初始化显示的结果
    string str = "您选择了";
    //遍历窗体中的控件
    foreach(Control myCtrl in this.Controls)
    {
        //判断控件是否是复选框
        if(myCtrl.Name.IndexOf("checkBox") >=0)
        {
            //如果是复选框,还需要判断复选框是否被选中
            CheckBox ck = (CheckBox)myCtrl;
            if(ck.Checked)
                //显示被选中的结果
                str = str + ck.Text + ",";
        }
    }
    //以对话框的形式显示结果
    MessageBox.Show(str);
}
```

备注:如果所用的复选框比较多时,遍历比较浪费时间,可用 CheckListBox 替换 CheckBox 控件。

②按 F5 键运行程序,单击“提交”按钮,运行效果如图 6. 10 所示。

单选框也提供一系列选择,不过用户只能选择其中一个。在服务器端判断“checked”,就可以判断用户的选择,这比复选框方便多了。下面的例子演示用户的单项选择。

③双击“提交单选框”按钮,切换到代码视图。书写如下所示的代码。

```
private void button2_Click(object sender,EventArgs e)
{
    if(radioButton1.Checked)
        MessageBox.Show("您是位先生!");
    else
        MessageBox.Show("您是位女士!");
}
```

注意:此处可以使用遍历控件的方法,但因为只有两个单选项,所以这样的代码更直接。

④按 F5 键运行程序,单击“提交”按钮,运行效果如图 6. 11 所示。

图 6. 10　复选框的提交效果

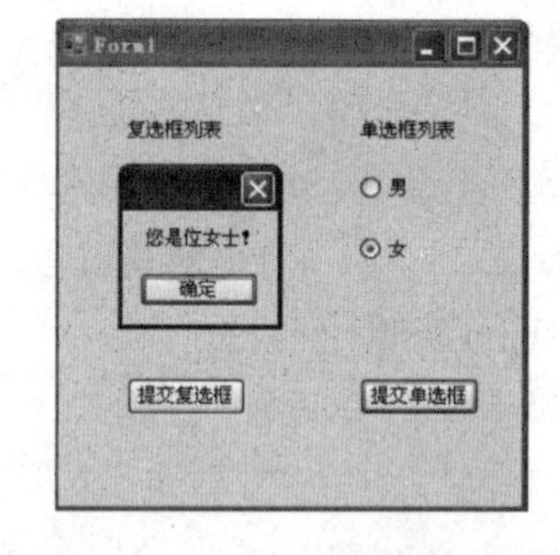

图 6. 11　单选框的提交效果

6. 3. 6　列表框

列表框 ListBox 用来罗列一些相同类型的数据,用户可以选择这些数据。ListBox 列表框比较灵活,可通过设置其“SelectionMode”属性,允许用户单选或多选数据。列表框的运行效果如图 6. 12 所示。

下面通过一个实例,演示如何使用列表框,以及如何获取列表框中用户的选择。

①在桌面上拖放一个列表框 ListBox 控件。

②选中控件后,按 F4 键打开其属性窗口,单击“Items”属性后面的“…”按钮,打开列表信息的输入框口。

③在窗体上添加一个控件,并双击控件切换到代码视图,书写获取用户选择列表的代码,如下所示。

```
private void button1_Click(object sender,EventArgs e)
{
    //SelectedItem 是选中的项,SelectedIndex 一般表示选中项的索引
    string str = listBox1.SelectedItem.ToString();
    MessageBox.Show("您选择的课程是'" + str + "'");
}
```

④按 F5 键运行窗体,单击“提交选择”按钮,测试是否能正确获取用户的选择。

6.3.7　带复选框的列表框

前面介绍复选框的时候曾经提到过,如果一个页面中需要的复选框太多,并且需要对这些复选框进行分组,那么使用复选框列表(CheckedListBox)可以更方便地布局,也可以更方便地获取用户的选择。

复选框列表的运行效果如图 6.13 所示。这些课程以列表形式展现,还可以允许用户多项选择。

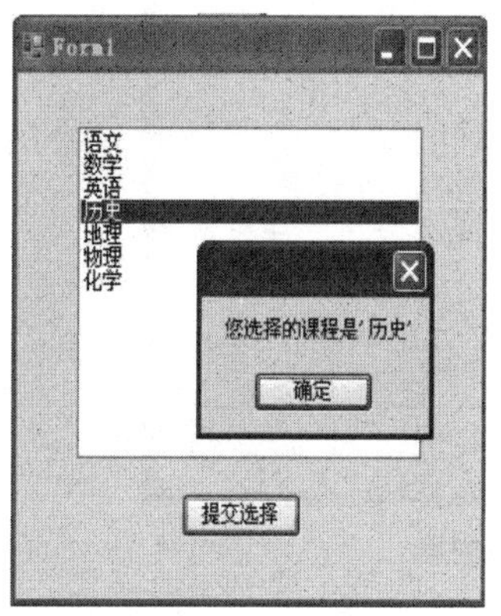

图 6.12　列表框的运行效果

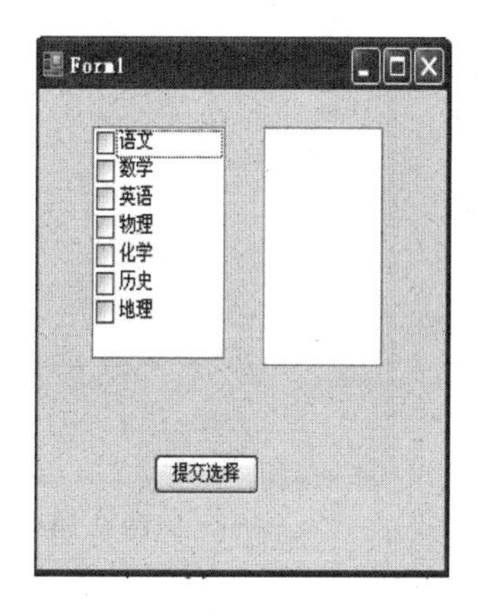

图 6.13　复选框列表的运行效果

下面通过一个例子演示如何在桌面上设置复选框列表项,并学习如何获取用户选择了哪些列表项的信息。

①在桌面上添加 1 个控件“CheckedListBox”和 1 个按钮。

②选择“CheckedListBox”控件,按 F4 键打开其属性窗口,单击“Items”属性后面的“…”按钮,打开列表信息的输入框口,输入图 6.14 中的数据。

注意:在列表信息的输入框口中,每行代表一个复选项。

③为了更好地显示被选中的数据,还在窗体中添加一个列表框。

④双击“提交选择”按钮,在其“Click”事件中,书写获取用户选择的代码,如下所示。

```
private void button1_Click(object sender,EventArgs e)
{
    ArrayList myarray = new ArrayList();
    //遍历复选列表框中选中的每个选项
```

```
        for(int i = 0;i < checkedListBox1.CheckedItems.Count;i ++)
        {
            //将选中项的值添加到列表中
            myarray.Add(checkedListBox1.CheckedItems[i].ToString());
        }
        //将选中的项绑定到列表中
        listBox1.DataSource = myarray;
    }
```

注意：代码中使用了集合 ArrayList，必须添加对集合命名空间“System. Collections”的引用。

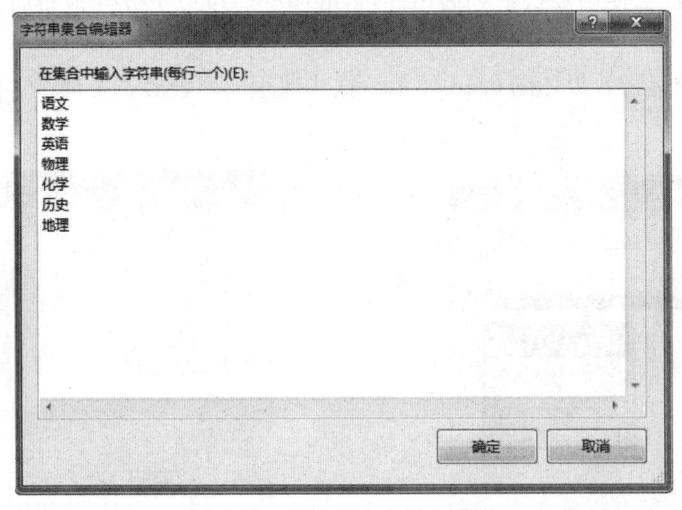

图 6.14 复选框中的输入内容

⑤按 F5 键运行程序，但用户选择完毕后，单击“提交选择”按钮，看右侧列表框的变化，运行效果如图 6.15 所示。

6.3.8 DataGridView 控件

DataGridView 控件提供一种以表格格式显示数据的强大且灵活的方式。可以使用 DataGridView 控件来显示少量数据的只读视图，也可以对其进行缩放，以显示特大数据集的可编辑视图。

可以用很多方式扩展 DataGridView 控件，以便将自定义行为内置在应用程序中。例如，可以采用编程方式指定自己的排序算法，以及创建自己的单元格类型。通过选择一些属性，可以轻松地自定义 DataGridView 控件的外观。可以将许多类型的数据存储区用作数据源，也可以在没有绑定数据源的情况下操作 Data-

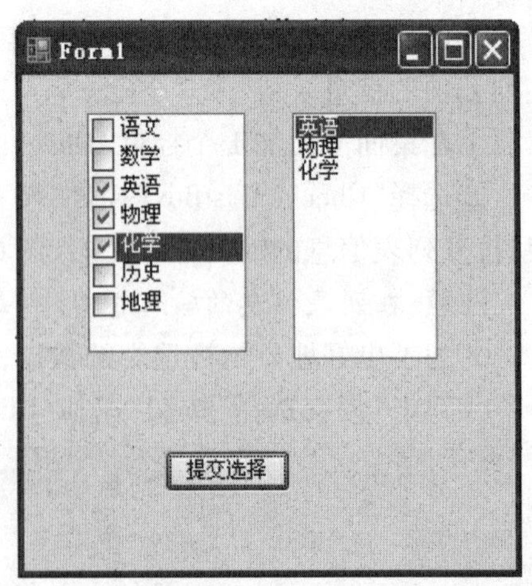

图 6.15 复选框列表的选择效果

GridView 控件。

默认情况下，DataGridView 控件具有下列特点：

①自动显示垂直滚动表时保持可见的列标头和行标头。

②拥有行标头，其中包含当前行的选中指示符。

③在第一个单元格中拥有选择矩形。

④拥有列，当用户双击列分隔符时可自动调整大小。

通过应用程序的 Main 方法调用 EnableVisualStyles 方法时，自动支持 Windows XP 和 Windows Server 2003 系列中的视觉样式。

此外，默认情况下可以编辑 DataGridView 控件的内容：

用户在某个单元格中双击或按 F2 键时，此控件将自动使该单元格进入编辑模式，并在用户键入时自动更新单元格的内容。

如果用户滚动至网格的结尾，将会看到用于添加新记录的行。用户单击此行时，会向 DataGridView 控件添加使用默认值的新行。用户按 Esc 键时，此新行将消失。

如果用户单击行标头，将会选中整行。

通过设置 DataGridView 控件的 DataSource 属性将其绑定到数据源时，该控件可以：将数据源列的名称自动用作列标头文本，用数据源的内容进行填充。DataGridView 列是为数据源中的每个列自动创建的，为表中的每个可见行创建一行。用户单击列标头时，将根据基础数据自动对行进行排序。

DataGridView 控件使用多种列类型显示其信息，并使用户能够修改或添加信息。

当绑定 DataGridView 控件并将 AutoGenerateColumns 属性设置为 true 时，会使用与绑定数据源中包含的数据类型相应的默认列类型自动生成列。

也可以自行创建任何列类的实例，并将其添加到由 Columns 属性返回的集合中。可以创建这些实例以用作未绑定列，也可以手动绑定这些实例。手动绑定的列十分有用，例如，当将一种类型的自动生成的列替换为另一种类型的列时，就可以使用手动绑定的列。

表 6.4 介绍了可在 DataGridView 控件中使用的各种列类。

表 6.4　DataGridView 控件中使用的各种列类

类	说　明
DataGridViewTextBoxColumn	与基于文本的值一起使用。在绑定到数字和字符串时自动生成
DataGridViewCheckBoxColumn	与 Boolean 和 CheckState 值一起使用。在绑定到这些类型的值时自动生成
DataGridViewImageColumn	用于显示图像。在绑定到字节数组、Image 对象或 Icon 对象时自动生成
DataGridViewButtonColumn	用于在单元格中显示按钮。不会在绑定时自动生成。通常用作未绑定列
DataGridViewComboBoxColumn	用于在单元格中显示下拉列表。不会在绑定时自动生成。通常手动进行数据绑定
DataGridViewLinkColumn	用于在单元格中显示链接。不会在绑管理时自动生成。通常手动进行数据绑定
自定义列类型	可以通过继承 DataGridViewColumn 类或该类的任何一个派生类来创建自己的列类，从而提供自定义的外观、行为或寄宿控件

6.4　项目实施

创建学生成绩管理系统的窗体包含 Login. cs 登录窗体、Frmcjg1. cs 主窗体、Frmaddcj. cs 添加成绩窗体、FrmaddClass. cs 窗体班级窗体、FrmaddCourseInfo. cs 添加课程信息窗体、Frmaddstu. cs添加学生窗体、Frmaddteacher. cs 添加教师窗体、FrmaddUser. cs 添加用户窗体、Frmaddzyxx. cs添加专业窗体、Frmcjcx. cs 成绩查询窗体、Frmclasscx. cs 班级查询窗体、FrmCourseInfo-Cx. cs 课程查询窗体、Frmmmxg. cs 用户修改密码窗体、Frmstuxxcx. cs 学生查询窗体、Frmteachercx. cs 教师查询窗体、Frmusercx. cs 用户查询窗体和 Frmzyxxcx. cs 专业查询窗体。

6.4.1　任务 1:Login. cs 登录窗体

Login. cs 窗体是用户进行登录所使用的窗体,主要包含 Label 标签、TextBox 文本框和 Button按钮。用户输入用户名和密码之后,单击“登录”按钮,可以验证身份的合理性,当用户身份有效时,可以登录到主界面中。Login. cs 登录窗体如图 6. 16 所示。

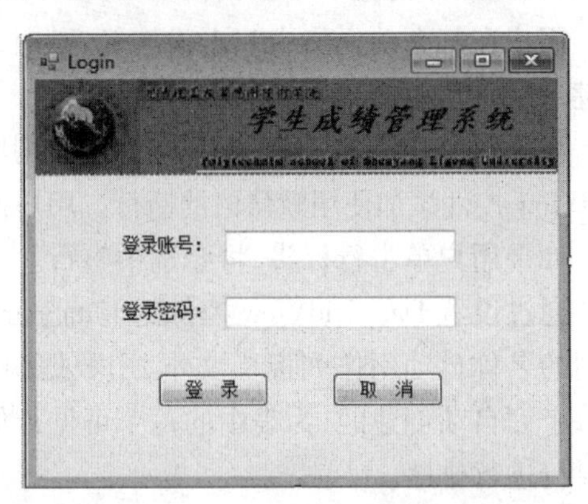

图 6. 16　Login. cs 登录窗体

在该窗体中,首先在 Main( )函数中实现了当用户启动学生成绩管理系统软件的时候,先启动 Login. cs 登录窗体。代码如下所示:

```
//设置启动模块
static void Main()
{
    //启动登录窗体
    Application.Run(new Login());
}
```

当用户输入用户名和密码之后,可以单击“登录”按钮,启动该按钮的单击事件,获取两个文本框的值分别赋值给用户名和密码字段。首先判断如果用户名和密码必须都不为空,那么实例化数据访问类 DataAccess 的对象,将用户名和密码的值作为参数赋值给 DataAccess 类对象 data 的 CheckAdmin( )方法,判断该用户名和密码是否合理,如果合理,那么根据用户名来获取 Constants 用户权限类中该用户的权限,并且实例化主窗体 Frmcjg1 类,跳转到主窗体上。如果用户名和密码不合理,那么弹出警告框并清空两个文本框中的值,用户重新输入。代码如下所示:

```
//单击“登录”按钮
private void button1_Click(object sender,EventArgs e)
{
```

```
        string name,pwd;
        if(Username.Text.Trim() != "" && password.Text.Trim() != "")
        {
            name =Username.Text.Trim();
            pwd =password.Text.Trim();
            DataAccess data =new DataAccess();
            if(data.CheckAdmin(name,pwd))
            {
                Classes.Constants.Username =Username.Text.Trim();
                Frmcjg1 winmain =new Frmcjg1();
                winmain.Show();
                this.Hide();
            }
            else
            {
                MessageBox.Show("您输入的账号或密码有误,请重新登录!");
                Username.Text = "";
                password.Text = "";
            }
        }
    }
```

如果用户不进行登录,可以单击“取消”按钮,在该按钮的单击事件中,直接从应用程序中退出,调用 Application 对象的 Exit( )方法,退出系统。代码如下所示:

```
    private void button2_Click(object sender,EventArgs e)
    {
        Application.Exit();
    }
```

6.4.2　任务 2:Frmcjg1. cs 主窗体

Frmcjg1. cs 窗体为主窗体,窗体上包含了所有模块的菜单项,但是系统根据用户的权限设置菜单项中的哪些模块是可以使用的,哪些模块是不可以使用的。Frmcjg1. cs 主窗体的界面如图 6. 17 所示。

首先在 Frmcjg1. cs 主界面的构造函数中,进行用户权限的判断,如果是学生或者教师登录,那么只允许部分模块进行操作,只有管理员可以对所有模块都进行操作。首先创建 UserInfoData 用户实体类的对象 data,并且将 Login. cs 窗体中用户登录的名字赋值给 data 对象的 Userid属性,创建数据集 ds 来获取 UserInfoOperation 用户操作类中的 getUserInfoAll( )方法中用户记录。如果用户记录不为空,那么获取该用户的 Userlevel 字段的值,该值如果为学生或者教师，那么部分模块的 Enabled 属性设置为 false，让这些模块不可用。如果为管理员，那么默认的所有的模块都是可用的，也就是所有模块菜单的 Enabled 属性的初值均为 true。

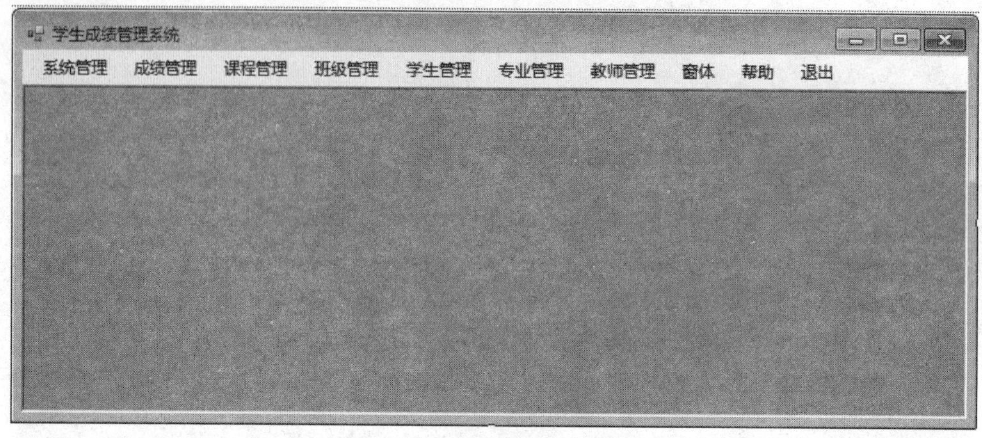

图 6.17　Frmcjg1. cs 主界面

代码如下所示：

```
    public Frmcjg1()
    {
        InitializeComponent();
        Classes.UserInfoData data =new 学生成绩管理系统 .Classes. UserIn-
foData();
        data.Userid =Classes.Constants.Username;//获取登录用户的姓名
        DataSet ds =Classes.UserInfoOperation.getUserInfoAll(data);
        if(ds.Tables[0].Rows.Count >0)
        {
            //获取登录用户的身份
            Classes.Constants. Userlevel  = ds. Tables [ 0 ]. Rows [ 0 ]
["Userlevel"].ToString();
            //登录身份是"学生",设置某些模块不可被调用
            if(Classes.Constants.Userlevel =="学生")
            {
                this. 用户查询 ToolStripMenuItem. Enabled = false;
                this. 用户删除 ToolStripMenuItem. Enabled = false;
                this. 用户添加 ToolStripMenuItem. Enabled = false;
                this. 成绩录入 ToolStripMenuItem. Enabled = false;
                this. 成绩删除 ToolStripMenuItem. Enabled = false;
                this. 成绩修改 ToolStripMenuItem. Enabled = false;
                this. 课程信息删除 ToolStripMenuItem. Enabled = false;
                this. 课程信息添加 ToolStripMenuItem. Enabled = false;
```

```
        this.课程信息修改ToolStripMenuItem.Enabled = false;
        this.班级信息删除ToolStripMenuItem.Enabled = false;
        this.班级信息添加ToolStripMenuItem.Enabled = false;
        this.班级信息修改ToolStripMenuItem.Enabled = false;
        this.学生信息删除ToolStripMenuItem.Enabled = false;
        this.学生信息添加ToolStripMenuItem.Enabled = false;
        this.学生信息修改ToolStripMenuItem.Enabled = false;
        this.专业信息删除ToolStripMenuItem.Enabled = false;
        this.专业信息添加ToolStripMenuItem.Enabled = false;
        this.专业信息修改ToolStripMenuItem.Enabled = false;
        this.教师信息删除ToolStripMenuItem.Enabled = false;
        this.教师信息添加ToolStripMenuItem.Enabled = false;
        this.教师信息修改ToolStripMenuItem.Enabled = false;
        this.课程表删除ToolStripMenuItem.Enabled = false;
        this.课程表添加ToolStripMenuItem.Enabled = false;
        this.课程表修改ToolStripMenuItem.Enabled = false;
}
//登录身份是"任课教师",设置某些模块不可被调用
else if(Classes.Constants.Userlevel == "任课教师")
{
        this.用户查询ToolStripMenuItem.Enabled = false;
        this.用户删除ToolStripMenuItem.Enabled = false;
        this.用户添加ToolStripMenuItem.Enabled = false;
        this.成绩删除ToolStripMenuItem.Enabled = false;
        this.成绩修改ToolStripMenuItem.Enabled = false;
        this.课程信息删除ToolStripMenuItem.Enabled = false;
        this.课程信息添加ToolStripMenuItem.Enabled = false;
        this.课程信息修改ToolStripMenuItem.Enabled = false;
        this.班级信息删除ToolStripMenuItem.Enabled = false;
        this.班级信息添加ToolStripMenuItem.Enabled = false;
        this.班级信息修改ToolStripMenuItem.Enabled = false;
        this.学生信息删除ToolStripMenuItem.Enabled = false;
        this.学生信息添加ToolStripMenuItem.Enabled = false;
        this.学生信息修改ToolStripMenuItem.Enabled = false;
        this.专业信息删除ToolStripMenuItem.Enabled = false;
        this.专业信息添加ToolStripMenuItem.Enabled = false;
        this.专业信息修改ToolStripMenuItem.Enabled = false;
        this.教师信息删除ToolStripMenuItem.Enabled = false;
```

```
                    this.教师信息添加ToolStripMenuItem.Enabled = false;
                    this.教师信息修改ToolStripMenuItem.Enabled = false;
                    this.课程表删除ToolStripMenuItem.Enabled = false;
                    this.课程表添加ToolStripMenuItem.Enabled = false;
                    this.课程表修改ToolStripMenuItem.Enabled = false;
                }
            }
        }
```

当单击"退出"按钮的时候，直接调用当前窗体的Close()方法，关闭该窗体。代码如下所示：

```
    //退出项目文件
    private void 退出ToolStripMenuItem_Click(object sender, EventArgs e)
    {
        this.Close();
    }
```

单击"帮助"菜单下的"关于学生成绩管理系统"子菜单，可以调用 MessageBox 类的 Show()方法，弹出对话框，显示"学生成绩管理系统 V1.0"及 2 个 Button 按钮。代码如下所示：

```
    //实现关于版本的信息
    private void 关于学生成绩管理系统ToolStripMenuItem_Click(object sender,EventArgs e)
    {
        MessageBox.Show("学生成绩管理系统V1.0","版本信息",MessageBoxButtons.OKCancel,MessageBoxIcon.Warning);
    }
```

单击"帮助"菜单下的"联系我们"子菜单，可以调用 Process 类中的 Start()方法，发送邮件。代码如下所示：

```
    //实现联系我们
    private void 联系我们ToolStripMenuItem_Click(object sender, EventArgs e)
    {
        System.Diagnostics.Process.Start("mailto:moon1202@yahoo.cn");
    }
```

单击"帮助"菜单下的"技术支持"子菜单，可以调用 Process 类中的 Start()方法，打开网页地址。代码如下所示：

```
    //实现技术支持
    private void 技术支持ToolStripMenuItem_Click(object sender,Even-
tArgs e)
    {
        System.Diagnostics.Process.Start("http://www.syyyy.com.cn");
    }
```

单击"系统管理"菜单下的"重新登录"子菜单,可以实例化Login登录类的对象login,打开login对象,并将当前的窗体对象关闭。代码如下所示:

```
    //调出登录模块
    private void 重新登录ToolStripMenuItem_Click(object sender,Even-
tArgs e)
    {
        Login login = new Login();
        login.Show();
        this.Close();
    }
```

单击"系统管理"菜单下的"用户管理"中的"用户查询"子菜单,可以实例化用户查询Frmusercx类的对象usercx,并且打开该对象窗体。代码如下所示:

```
    //调用用户查询模块
    private void 用户查询ToolStripMenuItem_Click(object sender,Even-
tArgs e)
    {
        Frmusercx usercx = new Frmusercx();
        usercx.MdiParent = this;
        usercx.Show();
    }
```

单击"系统管理"菜单下的"用户管理"中的"用户添加"子菜单,可以实例化FrmaddUser类的对象adduser,并且打开该对象窗体。代码如下所示:

```
    //调用用户添加模块
    private void 用户添加ToolStripMenuItem_Click(object sender,Even-
tArgs e)
    {
        FrmaddUser adduser = new FrmaddUser();
        adduser.MdiParent = this;
        adduser.Show();
    }
```

单击“系统管理”菜单下的“用户管理”中的“用户修改”子菜单，可以实例化 Frmmmxg 类的对象 objchild。在实例化对象的同时，将用户权限实体类中的 Username 属性的值作为参数传递给对象，并且打开该对象窗体。代码如下所示：

```
    //调用用户修改模块
    private void 用户修改 ToolStripMenuItem_Click(object sender,Even-
tArgs e)
    {
        Frmmmxg objchild = new Frmmmxg(Classes. Constants. Username);
        objchild.MdiParent = this;
        objchild.Show();
    }
```

单击“系统管理”菜单下的“用户管理”中的“用户删除”子菜单，可以实例化 Frmusercx 类的对象 usercx。在实例化对象的同时，将字符串 del 作为参数传递给对象，并且打开该对象窗体。代码如下所示：

```
    //调用删除模块
    private void 用户删除 ToolStripMenuItem_Click(object sender,Even-
tArgs e)
    {
        Frmusercx usercx = new Frmusercx("del");
        usercx.MdiParent = this;
        usercx.Show();
    }
```

单击“成绩管理”菜单下的“成绩查询”子菜单，可以实例化 Frmcjcx 类的对象 cjcx。在实例化对象的同时，将空字符串作为参数传递给对象，并且打开该对象窗体。代码如下所示：

```
    //调用学生成绩查询模块
    private void 成绩查询 ToolStripMenuItem_Click(object sender,Even-
tArgs e)
    {
        Frmcjcx cjcx = new Frmcjcx("");
        cjcx.MdiParent = this;
        cjcx.Show();
    }
```

单击“成绩管理”菜单下的“成绩删除”子菜单，可以实例化 Frmcjcx 类的对象 cjcx。在实例化对象的同时，将字符串 del 作为参数传递给对象，并且打开该对象窗体。代码如下所示：

```
    //调用学生成绩删除模块
    private void 成绩删除 ToolStripMenuItem_Click(object sender,Even-
tArgs e)
    {
        Frmcjcx cjcx = new Frmcjcx("del");
        cjcx.MdiParent = this;
        cjcx.Show();
    }
```

单击“成绩管理”菜单下的“成绩添加”子菜单,可以实例化 Frmaddcj 类的对象 addcj。在实例化对象的同时,将两个空字符串作为参数传递给对象,并且打开该对象窗体。代码如下所示:

```
    //调用成绩添加模块
    private void 成绩录入 ToolStripMenuItem_Click(object sender,Even-
tArgs e)
    {
        Frmaddcj addcj = new Frmaddcj("","");
        addcj.MdiParent = this;
        addcj.Show();
    }
```

单击“成绩管理”菜单下的“成绩修改”子菜单,可以实例化 Frmcjcx 类的对象 cjcx。在实例化对象的同时,将字符串 mod 作为参数传递给对象,并且打开该对象窗体。代码如下所示:

```
    private void 成绩修改 ToolStripMenuItem_Click(object sender,Even-
tArgs e)
    {
        Frmcjcx cjcx = new Frmcjcx("mod");
        cjcx.MdiParent = this;
        cjcx.Show();
    }
```

单击“课程管理”菜单下的“课程信息添加”子菜单,可以实例化 FrmaddCourseInfo 类的对象 addc。在实例化对象的同时,将空字符串作为参数传递给对象,并且打开该对象窗体。代码如下所示:

```
    private void 课程信息添加 ToolStripMenuItem_Click(object sender,
EventArgs e)
    {
        FrmaddCourseInfo addc = new FrmaddCourseInfo("");
```

```
        addc.MdiParent = this;
        addc.Show();
    }
```

单击“课程管理”菜单下的“课程信息查询”子菜单，可以实例化 FrmCourseInfoCx 类的对象 cjcx。在实例化对象的同时，将空字符串作为参数传递给对象，并且打开该对象窗体。代码如下所示：

```
    private void 课程信息查询ToolStripMenuItem_Click(object sender,
EventArgs e)
    {
        FrmCourseInfoCx cicx = new FrmCourseInfoCx("");
        cicx.MdiParent = this;
        cicx.Show();
    }
```

单击“课程管理”菜单下的“课程信息修改”子菜单，可以实例化 FrmCourseInfoCx 类的对象 cjcx。在实例化对象的同时，将字符串 mod 作为参数传递给对象，并且打开该对象窗体。代码如下所示：

```
    private void 课程信息修改ToolStripMenuItem_Click(object sender,
EventArgs e)
    {
        FrmCourseInfoCx cicx = new FrmCourseInfoCx("mod");
        cicx.MdiParent = this;
        cicx.Show();
    }
```

单击“课程管理”菜单下的“课程信息删除”子菜单，可以实例化 FrmCourseInfoCx 类的对象 cjcx。在实例化对象的同时，将字符串 del 作为参数传递给对象，并且打开该对象窗体。代码如下所示：

```
    private void 课程信息删除ToolStripMenuItem_Click(object sender,
EventArgs e)
    {
        FrmCourseInfoCx cicx = new FrmCourseInfoCx("del");
        cicx.MdiParent = this;
        cicx.Show();
    }
```

单击“专业管理”菜单下的“专业信息添加”子菜单，可以实例化 Frmaddzyxx 类的对象 addzyxx。在实例化对象的同时，将空字符串作为参数传递给对象，并且打开该对象窗体。代码

如下所示：

```
    private void 专业信息添加 ToolStripMenuItem_Click(object sender,
EventArgs e)
    {
        Frmaddzyxx addzyxx = new Frmaddzyxx("");
        addzyxx.MdiParent = this;
        addzyxx.Show();
    }
```

单击“专业管理”菜单下的“专业信息查询”子菜单，可以实例化 Frmzyxxcx 类的对象 zyxxcx。在实例化对象的同时，将空字符串作为参数传递给对象，并且打开该对象窗体。代码如下所示：

```
    private void 专业信息查询 ToolStripMenuItem_Click(object sender,
EventArgs e)
    {
        Frmzyxxcx zyxxcx = new Frmzyxxcx("");
        zyxxcx.MdiParent = this;
        zyxxcx.Show();
    }
```

单击“专业管理”菜单下的“专业信息修改”子菜单，可以实例化 Frmzyxxcx 类的对象 zyxxcx。在实例化对象的同时，将字符串 mod 作为参数传递给对象，并且打开该对象窗体。代码如下所示：

```
    private void 专业信息修改 ToolStripMenuItem_Click(object sender,
EventArgs e)
    {
        Frmzyxxcx zyxxcx = new Frmzyxxcx("mod");
        zyxxcx.MdiParent = this;
        zyxxcx.Show();
    }
```

单击“专业管理”菜单下的“专业信息删除”子菜单，可以实例化 Frmzyxxcx 类的对象 zyxxcx。在实例化对象的同时，将字符串 del 作为参数传递给对象，并且打开该对象窗体。代码如下所示：

```
    private void 专业信息删除 ToolStripMenuItem_Click(object sender,
EventArgs e)
    {
        Frmzyxxcx zyxxcx = new Frmzyxxcx("del");
        zyxxcx.MdiParent = this;
        zyxxcx.Show();
    }
```

单击“班级管理”菜单下的“班级信息添加”子菜单，可以实例化 FrmaddClass 类的对象 addclass。在实例化对象的同时，将空字符串作为参数传递给对象，并且打开该对象窗体。代码如下所示：

```
    private void 班级信息添加ToolStripMenuItem_Click(object sender, EventArgs e)
    {
        FrmaddClass addclass = new FrmaddClass("");
        addclass.MdiParent = this;
        addclass.Show();
    }
```

单击“班级管理”菜单下的“班级信息查询”子菜单，可以实例化 Frmclasscx 类的对象 classcx。在实例化对象的同时，将空字符串作为参数传递给对象，并且打开该对象窗体。代码如下所示：

```
    private void 班级信息查询ToolStripMenuItem_Click(object sender, EventArgs e)
    {
        Frmclasscx classcx = new Frmclasscx("");
        classcx.MdiParent = this;
        classcx.Show();
    }
```

单击“班级管理”菜单下的“班级信息修改”子菜单，可以实例化 Frmclasscx 类的对象 classcx。在实例化对象的同时，将字符串 mod 作为参数传递给对象，并且打开该对象窗体。代码如下所示：

```
    private void 班级信息修改ToolStripMenuItem_Click(object sender, EventArgs e)
    {
        Frmclasscx classcx = new Frmclasscx("mod");
        classcx.MdiParent = this;
        classcx.Show();
    }
```

单击“班级管理”菜单下的“班级信息删除”子菜单，可以实例化 Frmclasscx 类的对象 classcx。在实例化对象的同时，将字符串 del 作为参数传递给对象，并且打开该对象窗体。代码如下所示：

```
    private void 班级信息删除ToolStripMenuItem_Click(object sender, EventArgs e)
    {
```

```
        Frmclasscx classcx = new Frmclasscx("del");
        classcx.MdiParent = this;
        classcx.Show();
    }
```

单击“学生管理”菜单下的“学生信息查询”子菜单，可以实例化 Frmstuxxcx 类的对象 classcx。在实例化对象的同时，将空字符串作为参数传递给对象，并且打开该对象窗体。代码如下所示：

```
    private void 学生信息查询ToolStripMenuItem_Click(object sender,
EventArgs e)
    {
        Frmstuxxcx classsx = new Frmstuxxcx("");
        classsx.MdiParent = this;
        classsx.Show();
    }
```

单击“学生管理”菜单下的“学生信息删除”子菜单，可以实例化 Frmstuxxcx 类的对象 classcx。在实例化对象的同时，将字符串 del 作为参数传递给对象，并且打开该对象窗体。代码如下所示：

```
    private void 学生信息删除ToolStripMenuItem_Click(object sender,
EventArgs e)
    {
        Frmstuxxcx classsx = new Frmstuxxcx("del");
        classsx.MdiParent = this;
        classsx.Show();
    }
```

单击“学生管理”菜单下的“学生信息添加”子菜单，可以实例化 Frmaddstu 类的对象 stu。在实例化对象的同时，将空字符串作为参数传递给对象，并且打开该对象窗体。代码如下所示：

```
    private void 学生信息添加ToolStripMenuItem_Click(object sender,
EventArgs e)
    {
        Frmaddstu stu = new Frmaddstu("");
        stu.MdiParent = this;
        stu.Show();
    }
```

单击“学生管理”菜单下的“学生信息修改”子菜单，可以实例化 Frmstuxxcx 类的对象

classcx。在实例化对象的同时,将字符串 mod 作为参数传递给对象,并且打开该对象窗体。代码如下所示:

```
    private void 学生信息修改 ToolStripMenuItem_Click(object sender,
EventArgs e)
    {
        Frmstuxxcx classsx = new Frmstuxxcx("mod");
        classsx.MdiParent = this;
        classsx.Show();
    }
```

单击“教师管理”菜单下的“教师信息查询”子菜单,可以实例化 Frmteachercx 类的对象 tcx。在实例化对象的同时,将空字符串作为参数传递给对象,并且打开该对象窗体。代码如下所示:

```
    private void 教师信息查询 ToolStripMenuItem_Click(object sender,
EventArgs e)
    {
        Frmteachercx tcx = new Frmteachercx("");
        tcx.MdiParent = this;
        tcx.Show();
    }
```

单击“教师管理”菜单下的“教师信息修改”子菜单,可以实例化 Frmteachercx 类的对象 tcx。在实例化对象的同时,将字符串 mod 作为参数传递给对象,并且打开该对象窗体。代码如下所示:

```
    private void 教师信息修改 ToolStripMenuItem_Click(object sender,
EventArgs e)
    {
        Frmteachercx tcx = new Frmteachercx("mod");
        tcx.MdiParent = this;
        tcx.Show();
    }
```

单击“教师管理”菜单下的“教师信息删除”子菜单,可以实例化 Frmteachercx 类的对象 tcx。在实例化对象的同时,将字符串 del 作为参数传递给对象,并且打开该对象窗体。代码如下所示:

```
    private void 教师信息删除 ToolStripMenuItem_Click(object sender,
EventArgs e)
    {
        Frmteachercx tcx = new Frmteachercx("del");
```

```
        tcx.MdiParent = this;
        tcx.Show();
    }
```

单击“教师管理”菜单下的“教师信息添加”子菜单，可以实例化 Frmteachercx 类的对象 adt。在实例化对象的同时，将空字符串作为参数传递给对象，并且打开该对象窗体。代码如下所示：

```
    private void 教师信息添加 ToolStripMenuItem_Click(object sender,
EventArgs e)
    {
        Frmaddteacher adt = new Frmaddteacher("");
        adt.MdiParent = this;
        adt.Show();
    }
```

6.4.3　任务3：Frmaddcj. cs 添加成绩窗体

Frmaddcj. cs 窗体是添加学生成绩的界面，当输入学生学号的时候，系统自动获取学生姓名。当用户输入课程编号的时候，系统自动获取课程名称。需要输入平时成绩、实验成绩、期末成绩，单击“计算”按钮，可以计算出总成绩。单击“保存”按钮，将输入的学生成绩录入数据库中。单击“取消”按钮，退出学生成绩添加操作界面。Frmaddcj. cs 窗体界面如图 6. 18 所示。

图 6. 18　Frmaddcj. cs 添加成绩窗体

首先定义 2 个全局变量。在窗体的构造函数中，带有 2 个 string 类型的参数。将构造函数中的参数赋值给全局变量，只有学号和课程号都不为空的时候，才可对学生成绩进行修改。实例化 StuGradeData 类的对象 data，通过调用 StuGradeOperation 类的 getStuGrade( ) 方法获取数据集。将数据集中的学号、学生姓名、课程编号、课程名称、平时成绩、实验成绩、期末成绩和总成绩字段的值赋值给对应的文本框。代码如下所示：

```
    string o_sno = "";
    string o_cno = "";
    public Frmaddcj(string sno,string cno)
    {
        InitializeComponent();
        o_sno = sno;
        o_cno = cno;
        if(o_sno != "" & o_cno != "")
        {
            //学号和课程号都必须输入才可以录入该条信息
            Classes.StuGradeData data = new 学生成绩管理系统 .Classes.
StuGradeData();
            data.Sno = sno;
            data.Cno = cno;
            DataSet ds = Classes.StuGradeOperation.getStuGrade(data);
            textBox1.Text = ds.Tables[0].Rows[0]["学号"].ToString();
            textBox2.Text = ds.Tables[0].Rows[0]["学生姓名"]. ToS-
tring();
            textBox3.Text = ds.Tables[0].Rows[0]["课程编号"]. ToS-
tring();
            textBox4.Text = ds.Tables[0].Rows[0]["课程名称"]. ToS-
tring();
            textBox5.Text = ds.Tables[0].Rows[0]["平时成绩"]. ToS-
tring();
            textBox6.Text = ds.Tables[0].Rows[0]["实验成绩"]. ToS-
tring();
            textBox7.Text = ds.Tables[0].Rows[0]["期末成绩"]. ToS-
tring();
            textBox8.Text = ds.Tables[0].Rows[0]["总成绩"].ToString();
            textBox1.Enabled = false;
            textBox3.Enabled = false;
            this.Text = "学生成绩修改";
        }
    }
```

单击“保存”按钮的时候，可以实现学生成绩的保存。如果 textBox1 为空，即学生学号为空，那么弹出对话框提示用户输入学号。如果 textBox3 为空，即课程编号为空，那么弹出对话框提示用户输入课程编号。平时成绩、实验成绩、期末成绩都不允许为空，并且必须为数字，否

则弹出提示警告框。如果全局变量学号和课程号能够从数据库传递到本窗体上，那么执行调用 StuGradeOperation 类的 insertStuGrade()方法，执行成绩录入；否则调用 StuGradeOperation 类的 updateStuGrade()方法，执行成绩修改。代码如下所示：

```
private void button1_Click(object sender,EventArgs e)
{
    string sno = textBox1.Text;
    string cno = textBox3.Text;
    string gradepeacetime = textBox5.Text;
    string gradeexpriment = textBox6.Text;
    string gradelast = textBox7.Text;
    string grade = textBox8.Text;
    if(sno == null || sno.Trim().Equals(""))
    {
        //学号不允许为空
        MessageBox.Show("请输入学号","提示");
        textBox1.Focus();
        return;
    }
    if(cno == null || cno.Trim().Equals(""))
    {
        //课程号不允许输入为空
        MessageBox.Show("请输入课程编号","提示");
        textBox3.Focus();
        return;
    }
    if(gradepeacetime != null || ! gradepeacetime.Trim(). Equals
("")) 
    {
        //平时成绩不允许输入为空,并且必须为数字
        try
        {
            float.Parse(gradepeacetime);
        }
        catch(Exception ex)
        {
            ex.ToString();
            MessageBox.Show("平时成绩请输入数字!","提示");
```

```
                textBox5.Focus();
                return;
            }
        }
        if(gradeexpriment != null || ! gradeexpriment.Trim(). Equals
("")) 
        {
            //实验成绩不允许输入为空,并且必须为数字
            try
            {
                float.Parse(gradeexpriment);
            }
            catch(Exception ex)
            {
                ex.ToString();
                MessageBox.Show("实验成绩请输入数字!","提示");
                textBox6.Focus();
                return;
            }
        }
        if(gradelast != null || ! gradelast.Trim().Equals(""))
        {
            //期末成绩不允许输入为空,并且必须为数字
            try
            {
                float.Parse(gradelast);
            }
            catch(Exception ex)
            {
                ex.ToString();
                MessageBox.Show("期末成绩请输入数字!","提示");
                textBox7.Focus();
                return;
            }
        }
        Classes.StuGradeData data = new 学生成绩管理系统.Classes.
StuGradeData();
```

```
data.Sno = sno;
data.Cno = cno;
data.Gradepeacetime = float.Parse(gradepeacetime);
data.Gradeexpriment = float.Parse(gradeexpriment);
data.Gradelast = float.Parse(gradelast);
data.Grade = float.Parse(grade);
try
{
        if(o_sno == "" || o_cno == "")
        {
                if(Classes.StuGradeOperation.insertStuGrade(data))
                {
                        //调用添加成绩信息函数
                        MessageBox.Show("添加成功!","提示");
                        textBox1.Text = "";
                        textBox5.Text = "";
                        textBox6.Text = "";
                        textBox7.Text = "";
                        textBox8.Text = "";
                }
                else
                {
                        MessageBox.Show("添加失败!","错误");
                }
        }
        else
        {
                if(Classes.StuGradeOperation.updateStuGrade(data))
                {
                        //调用修改成绩函数
                        MessageBox.Show("修改成功!","提示");
                        this.Dispose();
                }
                else
                {
                        MessageBox.Show("修改失败!","错误");
                }
```

```
            }
        }
        catch(Exception ex)
        {
            ex.ToString();
            MessageBox.Show("保存失败!","错误");
        }
    }
```

在 textBox3 的内容更改事件中，当用户输入课程号的时候，可以调用 CourseInfoData 类中的 getCourseInfo()方法获取该课程编号的记录集。如果数据集中有数据内容，那么将课程名称字段的值赋给 textBox4 文本框。代码如下所示：

```
    //获取对应课程号的课程名称
    private void textBox3_TextChanged(object sender,EventArgs e)
    {
        if(textBox3.Text.Trim() != "")
        {
            Classes.CourseInfoData data = new 学生成绩管理系统 . Clas-
ses. CourseInfoData();
            data.Kcid = textBox3.Text;
            DataSet ds = Classes.CourseInfoOperation.getCourseInfo
(data);
            if(ds.Tables[0].Rows.Count >0)
            {
                textBox4.Text = ds.Tables[0].Rows[0]["课程名称"]
. ToString();
            }
        }
    }
```

在 textBox1 的内容更改事件中，当用户输入学生学号的时候，可以调用 StudentInfoData 类中的 getStudentInfo()方法获取该学生编号的记录集，如果数据集中有数据内容，那么将学生姓名字段的值赋给 textBox2 文本框。代码如下所示：

```
    //获取对应学号的学生姓名
    private void textBox1_TextChanged_1(object sender,EventArgs e)
    {
        if(textBox1.Text.Trim()!= "")
        {
```

```
            Classes.StudentInfoData data = new 学生成绩管理系统.Clas-
ses.StudentInfoData();
            data.Sno = textBox1.Text.Trim();
            DataSet ds = Classes.StudentInfoOperation.getStudentInfo
(data);
            if(ds.Tables[0].Rows.Count > 0)
            {
                 textBox2.Text = ds.Tables[0].Rows[0]["姓名"].ToS-
tring();
            }
        }
    }
```

单击“计算”按钮,执行成绩计算,计算的公式为“平时成绩 * 0.1 + 实验成绩 * 0.2 + 期末成绩 * 0.7”,并将计算结果赋值给 textBox8 文本框。代码如下所示:

```
    private void button3_Click(object sender,EventArgs e)
    {
        int a = int.Parse(textBox5.Text);
        int b = int.Parse(textBox6.Text);
        int c = int.Parse(textBox7.Text);
        double x = a * 0.1 + b * 0.2 + c * 0.7;
        float y = (float)x;
        textBox8.Text = y.ToString();
    }
```

6.4.4 任务4:FrmaddClass.cs 添加班级窗体

FrmaddClass.cs 窗体用来执行添加班级信息。输入班级名称之后,选择所在专业,输入班级人数和备注信息,单击“保存”按钮,即可录入班级信息。FrmaddClass.cs 窗体界面如图 6.19 所示。

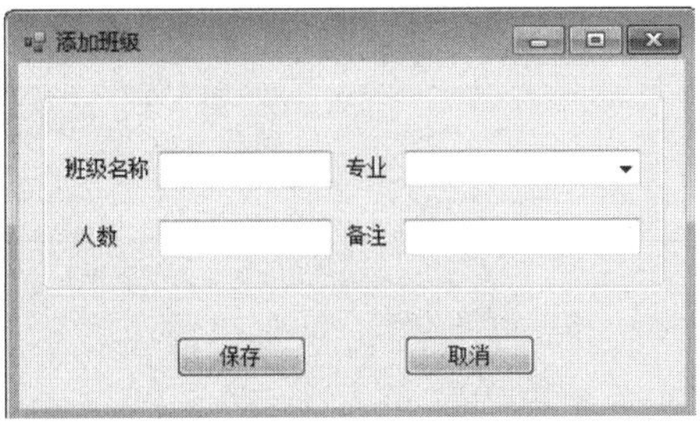

图 6.19 FrmaddClass.cs 添加班级窗体

在窗体的构造函数中,含有一个字符串参数。设置一个全局变量参数 ci,将参数的值赋给

textBox1。实例化 SpecialtyInfoData 类的对象,通过调用 getallsp( )方法来获取所有专业的数据集,将数据集中的 Specialtyid 字段的值赋给 comboBox1 控件的 ValueMember 属性,将数据集中的 Specialtymc 字段的值赋给 comboBox1 控件的 DisplayMember 属性,设置数据集为 comboBox1 控件的 DataSource 数据源。

```
    string ci = "";
    public FrmaddClass(string a)
    {
        InitializeComponent();
        ci = a;
        textBox1.Text = ci;
        Classes.SpecialtyInfoData data = new 学生成绩管理系统 . Clas-
ses.SpecialtyInfoData();
        DataSet ds = Classes.SpecialtyOperation.getallsp();
        comboBox1.ValueMember = "Specialtyid";
        comboBox1.DisplayMember = "Specialtymc";
        comboBox1.DataSource = ds.Tables["Spe"];
    }
```

在“保存”按钮的事件中,将 textBox1 班级名称赋值给变量 classid,将 comboBox1 专业名称选中的值赋给变量 zyid,将 textBox2 班级人数赋值给变量 num,将 textBox3 备注的值赋给变量 bz。班级名称不允许为空、人数不允许为空,并且输入的内容必须为数字。代码如下所示：

```
    private void button1_Click(object sender,EventArgs e)
    {
        string classid = textBox1.Text.Trim();
        string zyid = comboBox1.SelectedValue.ToString();
        string num = textBox2.Text.Trim();
        string bz = textBox3.Text.Trim();
        if(classid == null || classid.Equals(""))
        {
            //人数不允许为空,并且输入的内容为数字
            try
            {
                int.Parse(num);
            }
            catch(Exception ex)
            {
```

```
                ex.ToString();
                MessageBox.Show("人数请输入整数!","提示");
                textBox2.Focus();
                return;
            }
        }
        Classes.ClassInfoData data = new 学生成绩管理系统.Classes
.ClassInfoData();
        data.Classid = classid;
        data.Specialtyid = zyid;
        data.Studentnumber = int.Parse(num);
        data.Remark = bz;
        try
        {
            if(ci == "")
            {
                if(Classes.ClassInfoOperation.insertClassInfo(data))
                {
                    MessageBox.Show("添加成功!","提示");
                    textBox1.Text = "";
                    textBox2.Text = "";
                    textBox3.Text = "";
                }
                else
                {
                    MessageBox.Show("添加失败!","错误");
                }
            }
            else
            {
                if(Classes.ClassInfoOperation.updateClassInfo(data))
                {
                    //修改信息
                    MessageBox.Show("修改成功!","提示");
                    this.Dispose();
                    this.Close();
                    Frmclasscx cx = new Frmclasscx("");
```

```
                    cx.Show();
                    cx.bindDataGrid();
                }
                else
                {
                    MessageBox.Show("修改失败!","错误");
                }
            }
        }
        catch(Exception ex)
        {
            ex.ToString();
            MessageBox.Show("保存失败!","错误");
        }
    }
```

在“取消”按钮中,实例化 Frmclasscx 类的对象,并传递空参数,打开该窗体。代码如下所示:

```
private void button2_Click(object sender,EventArgs e)
{
    Frmclasscx cx = new Frmclasscx("");
    cx.Show();
    this.Close();
}
```

6.4.5 任务5:FrmaddCourseInfo.cs 添加课程信息窗体

FrmaddCourseInfo.cs 窗体主要是用来添加课程信息内容。在该窗体中,输入课程编号、课程名称,并且录入实验学时、课程学时和总学分,并选择课程类型,单击“保存”按钮,即可录入课程信息记录,或者单击“取消”按钮,退出课程信息添加操作。FrmaddCourseInfo.cs 窗体界面如图 6.20 所示。

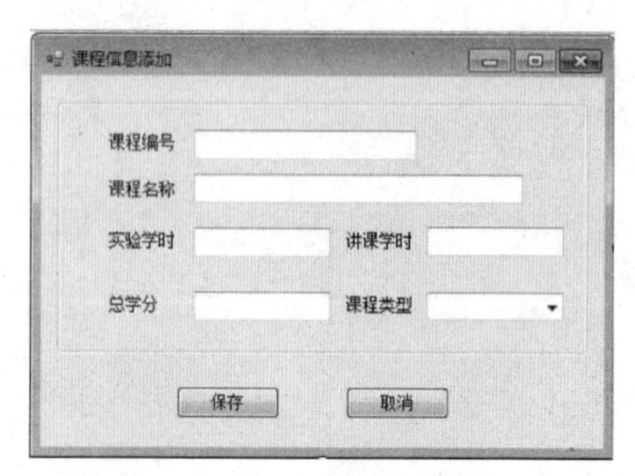

图 6.20　FrmaddCourseInfo.cs 课程信息添加窗体

在该窗体的构造函数中,包含一个字符串变量,并且首先定义一个全局变量,用来保存课程编号。如果课程编号为空,就是添加新的课程内容记录;如果课程编号不为空,就是修改已有的课程内容记录。课程编号不为空时,调用 CourseInfo-

Data 类的 getCourseInfo( )方法,获取该课程编号的记录数据集,将该数据集中的课程编号字段值赋给 textBox1 文本框、将课程名称字段值赋给 textBox2 文本框、将实验学时字段值赋给 textBox3 文本框、将讲课学时字段值赋给 textBox4 文本框、将总学分字段值赋给 textBox5 文本框、将课程类型字段值赋给 comboBox1 选中的值。代码如下所示:

```
    string o_id = "";
    public FrmaddCourseInfo(string id)
    {
          InitializeComponent();
          o_id = id;
          if(o_id != "")
          {
                Classes.CourseInfoData data = new 学生成绩管理系统.Clas-
ses.CourseInfoData();
                data.Kcid = id;
                DataSet ds = Classes.CourseInfoOperation.getCourseInfo
(data);
                textBox1.Text = ds.Tables[0].Rows[0]["课程编号"].ToS-
tring();
                textBox2.Text = ds.Tables[0].Rows[0]["课程名称"].ToS-
tring();
                textBox3.Text = ds.Tables[0].Rows[0]["实验学时"].ToS-
tring();
                textBox4.Text = ds.Tables[0].Rows[0]["讲课学时"].ToS-
tring();
                textBox5.Text = ds.Tables[0].Rows[0]["总学分"].ToString
();
                comboBox1.SelectedItem = ds.Tables[0].Rows[0]["课程类
型"].ToString();
                textBox1.Enabled = false;
                this.Text = "课程信息修改";
          }
    }
```

单击“保存”按钮,主要是执行课程信息录入或者修改操作。首先需要判断课程编号不允许为空、课程名称不允许为空,如果这几项为空,则弹出提示警告框。实例化 CourseInfoData 类的对象,将窗体中文本框里输入的值赋给 CourseInfoData 类对象的公共属性。如果全局变量课程编号为空,调用 CourseInfoOperation 类的 insertCourseInfo( )方法,执行课程信息插入操作。如果全局变量课程编号不为空,调用 CourseInfoOperation 类的 updateCourseInfo( )方法,执行课程信息修改操作。代码如下所示：

```
    private void button1_Click(object sender,EventArgs e)
    {
        string kcid = textBox1.Text.Trim();
        string kcname = textBox2.Text.Trim();
        string periodexpriment = textBox3.Text.Trim();
        string periodteaching = textBox4.Text.Trim();
        string credit = textBox5.Text.Trim();
        string coursetypr = (string)comboBox1.SelectedItem;
        if(kcid == null ||kcid.Trim().Equals(""))
        {
            //课程编号不允许为空
            MessageBox.Show("请输入课程编号!","提示");
            textBox1.Focus();
            return;
        }
        if(kcname == null ||kcname.Trim().Equals(""))
        {
            //课程名称不允许为空
            MessageBox.Show("请输入课程名称!","提示");
            textBox2.Focus();
            return;
        }
        Classes.CourseInfoData data = new 学生成绩管理系统.Classes.
CourseInfoData();
        data.Kcid = kcid;
        data.Kcname = kcname;
        data.Periodexpriment = int.Parse(periodexpriment);
        data.Periodteaching = int.Parse(periodteaching);
        data.Credit = float.Parse(credit);
        data.Coursetype = coursetypr;
        try
        {
            if(o_id == "")
            {
                if(Classes.CourseInfoOperation.insertCourseInfo(data))
                {
```

```
                    MessageBox.Show("添加成功!","提示");
                    textBox1.Text = "";
                    textBox2.Text = "";
                    textBox3.Text = "";
                    textBox4.Text = "";
                    textBox5.Text = "";
                }
                else
                {
                    MessageBox.Show("添加失败!","错误");
                }
            }
            else
            {
                if(Classes.CourseInfoOperation.updateCourseInfo(data))
                {
                    MessageBox.Show("修改成功!","提示");
                    this.Dispose();
                    this.Close();
                }
                else
                {
                    MessageBox.Show("修改失败!","错误");
                }
            }
        }
        catch(Exception ex)
        {
            ex.ToString();
            MessageBox.Show("保存失败!","错误");
        }
    }
```

6.4.6　任务6:Frmaddstu.cs添加学生窗体

Frmaddstu.cs窗体主要用来添加学生信息或者修改学生信息,输入学号、姓名、性别、出生日期、家庭住址、家庭电话和所在班级,单击“保存”按钮即可录入或者修改学生信息记录,单击“取消”按钮,退出学生信息添加窗体。Frmaddstu.cs添加学生信息窗体的界面如图6.21所示。

在该窗体的构造函数中,包含一个字符串变量,并且定义了一个全局变量,用来保存学生学号。如果学生学号为空,则添加新的学生内容记录;如果学生学号不为空,修改已有的学生内容记录。通过调用 ClassInfoOperation 类的 getClassInfo()方法来获取班级信息数据集。获取班级名称字段的值赋给 comboBox2 控件的 ValueMember 属性和 Displaymember 属性,并且将获取的数据集作为 comboBox2 控件的 DataSource 数据源。如果学生学号不为空,调用 StudentInfoOperation 类的 getStudentInfo()方法,获取学生信息的数据集,并且获取学生学号、学生姓名、性别、出生日期、家庭住址、家庭电话和所在班级字段的值,并将其显示在窗体上。代码如下所示:

图 6.21 Frmaddstu.cs
添加学生信息窗体

```
    public string sid = "";
    public Frmaddstu(string id)
    {
          InitializeComponent();
          sid = id;
          try
          {
                DataSet ds = Classes.ClassInfoOperation.getClassInfo
(new 学生成绩管理系统.Classes.ClassInfoData());
                comboBox2.DataSource = ds.Tables[0];
                comboBox2.ValueMember = "班级名称";
                comboBox2.DisplayMember = "班级名称";
          }
          catch(Exception ex)
          {
                ex.ToString();
          }
          if(sid != "")
          {
                Classes.StudentInfoData info = new 学生成绩管理系统.Clas-
ses.StudentInfoData();
                info.Sno = id;
                DataSet ds = Classes.StudentInfoOperation.getStudentInfo
(info);
```

```
            textBox1.Text = ds.Tables[0].Rows[0]["学号"].ToString();
            textBox2.Text = ds.Tables[0].Rows[0]["姓名"].ToString();
            textBox3.Text = ds.Tables[0].Rows[0]["出生日期"].ToS-
tring();
            comboBox1.SelectedItem = ds.Tables[0].Rows[0]["性别"].
ToString();
            textBox4.Text = ds.Tables[0].Rows[0]["家庭住址"].ToS-
tring();
            textBox5.Text = ds.Tables[0].Rows[0]["家庭联系电
话"].ToString();
            comboBox2.SelectedValue = ds.Tables[0].Rows[0]["班级名
称"].ToString();
            textBox1.Enabled = false;
            this.Text = "学生信息修改";
        }
    }
```

单击“保存”按钮，主要是执行学生信息录入或者修改操作。首先需要判断学生学号不允许为空、学生姓名不允许为空，如果这几项为空，则弹出提示警告框。实例化 StudentInfoData 类的对象，将窗体中文本框里输入的值赋给 StudentInfoData 类对象的公共属性。如果全局变量学生学号为空，调用 StudentInfoOperation 类的 insertStudentInfo( ) 方法，执行学生信息插入操作。如果全局变量学生学号不为空，调用 StudentInfoOperation 类的 updateStudentInfo( ) 方法，执行学生信息修改操作。代码如下所示：

```
    private void button1_Click(object sender,EventArgs e)
    {
        string sno = textBox1.Text;
        string name = textBox2.Text;
        string birthday = textBox3.Text;
        string sex = (string)comboBox1.SelectedItem;
        string address = textBox4.Text;
        string tel = textBox5.Text;
        string classid = (string)comboBox2.SelectedValue;
        if(sno == null || sno.Trim().Equals(""))
        {
            //学号不允许为空
            MessageBox.Show("请输入学号!","提示");
            textBox1.Focus();
            return;
```

```
        }
        if(name==null ||name.Trim().Equals(""))
        {
            //学生姓名不允许为空
            MessageBox.Show("请输入姓名!","提示");
            textBox2.Focus();
            return;
        }
        Classes.StudentInfoData data = new 学生成绩管理系统.Classes.
StudentInfoData();
        data.Sno=sno;
        data.Sname=name;
        data.Birthday=birthday;
        data.Sex=sex;
        data.Address=address;
        data.Tel=tel;
        data.Classid=classid;
        try
        {
            if(sid=="")
            {
                if(Classes.StudentInfoOperation.insertStudentInfo
(data))
                {
                    MessageBox.Show("添加成功!","提示");
                    textBox1.Text = "";
                    textBox2.Text = "";
                    textBox3.Text = "";
                    textBox4.Text = "";
                    textBox5.Text = "";
                }
                else
                {
                    MessageBox.Show("添加失败!","错误");
                }
            }
            else
```

```
            {
                if(Classes.StudentInfoOperation.updateStudentInfo
(data))
                {
                    MessageBox.Show("修改成功!","提示");
                    this.Close();
                }
                else
                {
                    MessageBox.Show("修改失败!","错误");
                }
            }
        }
        catch(Exception ex)
        {
            ex.ToString();
            MessageBox.Show("保存失败!","错误");
        }
    }
```

单击"取消"按钮,退出该窗体。代码如下所示:

```
private void button2_Click(object sender,EventArgs e)
{
    this.Close();
}
```

6.4.7　任务7:Frmaddteacher.cs 添加教师窗体

Frmaddteacher.cs 窗体主要用来实现添加教师信息内容。窗体中包括了教师编号、教师姓名、性别、办公室电话、出生日期和家庭住址信息。用户输入这些信息之后,可以单击"保存"按钮,将教师信息记录添加到数据库中。单击"取消"按钮,可以退出添加教师信息窗体。Frmaddteacher.cs添加教师信息窗体的界面如图 6.22 所示。

图 6.22　Frmaddteacher.cs 添加教师信息窗体

在该窗体的构造函数中,包含一个字符串变量,并且定义一个全局变量,用来保存教师编号。如果教师编号为空,则添加新的教师内容记录;如果教师编号不为空，修改已有的教师内容记录。如果教师编号不为空，首先实例化 TeacherInfoData 类的对象，用来创建教师信息对象，然后调用 TeacherInfoOperation 类的 getTeacherInfo( )方法，获取教师信息的数据集，并且获取教师代码、教师姓名、教师性别、出生日期、家庭住址和家庭电话字段的值，将其显示在窗体上。代码如下所示：

```
    string tid = "";
    public Frmaddteacher(string flag)
    {
        InitializeComponent();
        tid = flag;
        if(tid!= "")
        {
            this.Text = "教师信息修改";
             Classes.TeacherInfoData info = new 学生成绩管理系统.
Classes.TeacherInfoData();
            info.Teaid = flag;
            DataSet ds = Classes. TeacherInfoOperation. getTeacher-
Info(info);
            textBox1.Text = ds.Tables[0].Rows[0]["教师代码"]. ToS-
tring();
            textBox2.Text = ds.Tables[0].Rows[0]["教师姓名"]. ToS-
tring();
            textBox4.Text = ds.Tables[0].Rows[0]["出生日期"]. ToS-
tring();
            comboBox1.SelectedItem = ds.Tables[0].Rows[0]["教师性
别"].ToString();
            textBox3.Text = ds.Tables[0].Rows[0]["办公电话"]. ToS-
tring();
            textBox5.Text = ds.Tables[0].Rows[0]["家庭住址"]. ToS-
tring();
            textBox1.Enabled = false;
        }
    }
```

单击“取消”按钮，退出该窗体。代码如下所示：

```
    private void button2_Click(object sender,EventArgs e)
    {
        this.Close();
    }
```

单击“保存”按钮，主要是执行教师信息录入或者修改操作。首先需要判断教师代号不允许为空、教师姓名不允许为空，如果这几项为空，则弹出提示警告框。实例化 TeacherInfoData 类的对象，将窗体中文本框里输入的值赋给 TeacherInfoData 类对象的公共属性。如果全局变量教师代号为空，调用 TeacherInfoOperation 类的 insertTeacherInfo( )方法，执行教师信息插入操作。如果全局变量教师代号不为空，调用 TeacherInfoOperation 类的 updateTeacherInfo( )方法，执行教师信息修改操作。代码如下所示：

```
    private void button1_Click(object sender,EventArgs e)
    {
        string teaid = textBox1.Text;
        string teaname = textBox2.Text;
        string teabirthday = textBox4.Text;
        string teasex = (string)comboBox1.SelectedItem;
        string teloffice = textBox3.Text;
        string address = textBox5.Text;
        if(teaid == null || teaid.Trim().Equals(""))
        {
            MessageBox.Show("请输入教师代号!","提示");
            textBox1.Focus();
            return;
        }
        if(teaname == null || teaname.Trim().Equals(""))
        {
            MessageBox.Show("请输入教师姓名!","提示");
            textBox2.Focus();
            return;
        }
        Classes.TeacherInfoData info = new 学生成绩管理系统.Classes.
TeacherInfoData();
        info.Teaid = teaid;
        info.Teaname = teaname;
        info.Teabirthday = teabirthday;
        info.Teasex = teasex;
        info.Teaoffice = teloffice;
        info.Address = address;
        try
        {
            if(tid == "")
```

```
            {
                    if(Classes.TeacherInfoOperation.insertTeacherIn-
fo(info))
                    {
                            MessageBox.Show("添加成功!","提示");
                            textBox1.Text = "";
                            textBox2.Text = "";
                            textBox3.Text = "";
                            textBox4.Text = "";
                            textBox5.Text = "";
                    }
                    else
                    {
                            MessageBox.Show("添加失败!","提示");
                    }
            }
            else
            {
                    if(Classes.TeacherInfoOperation.updateTeacherIn-
fo(info))
                    {
                            MessageBox.Show("修改成功!","提示");
                            this.Close();
                    }
                    else
                    {
                            MessageBox.Show("修改失败!","提示");
                    }
            }
        }
        catch(Exception ex)
        {
            ex.ToString();
            MessageBox.Show("保存失败!","错误");
        }
    }
```

6.4.8　任务8:FrmaddUser. cs 添加用户窗体

FrmaddUser. cs 窗体主要实现登录用户的添加操作。该窗体中包含了用户名、密码、确认密码和用户权限这些信息。当单击“保存”按钮时,即可将用户的这些信息添加到数据库中。单击“取消”按钮,可以退出用户信息添加窗体。FrmaddUser. cs 添加用户窗体界面如图 6. 23 所示。

图 6. 23　FrmaddUser. cs 添加用户窗体

单击“保存”按钮的事件中,可以实现将窗体上控件中的内容赋值给字符串变量,然后判断用户名是否为空,为空则弹出对话框,并提示必须输入用户名。判断密码和确认密码是否不一致,不一致则也弹出提示对话框。接着实例化用户信息类 UserInfoData 的对象,将这些变量的值赋给用户信息对象的属性。通过调用用户操作类 UserInfoOperation 的 insertUserInfo( ) 方法执行用户信息的添加操作,否则弹出对话框提示错误消息。代码如下所示:

```
//添加用户
private void button1_Click(object sender,EventArgs e)
{
    string userid = this.textBox1.Text.Trim();
    string userpwd = this.textBox2.Text.Trim();
    string qpwd = this.textBox3.Text.Trim();
    string userlevel = (string)this.comboBox1.SelectedItem;
    if(userid == null || userid.Trim().Equals(""))
    {
        //用户名不允许为空
        MessageBox.Show("请输入用户名!","提示");
        this.textBox1.Focus();
        return;
    }
    if(userpwd != qpwd)
    {
        //判断两次输入的密码是否一致
        MessageBox.Show("密码不一致!","提示");
        this.textBox2.Focus();
        return;
    }
```

```
        Classes.UserInfoData data = new 学生成绩管理系统 . Classes. Use-
rInfoData();
        data.Userid = userid; //获取用户名
        data.Userpwd = userpwd; //获取用户密码
        data.Userlevel = userlevel; //获取用户身份
        try
        {
            if(Classes.UserInfoOperation.insertUserInfo(data))
            {
                MessageBox.Show("添加成功!","提示");
                this.textBox1.Text = "";
                this.textBox2.Text = "";
                this.textBox3.Text = "";
            }
            else
            {
                MessageBox.Show("添加失败!","错误");
            }
        }
        catch(Exception ex)
        {
            ex.ToString();
            MessageBox.Show("保存失败!","错误");
        }
    }
```

单击“取消”按钮，退出该窗体。代码如下所示：

```
   private void button2_Click(object sender,EventArgs e)
   {
        this.Close();
   }
```

6.4.9 任务9:Frmaddzyxx.cs 添加专业窗体

Frmaddzyxx.cs 窗体主要用来实现对专业信息的添加操作。在窗体上输入专业代号和专业名称之后，单击“保存”按钮，可以将专业信息记录添加到数据库中，当单击“取消”按钮时，退出该窗体。Frmaddzyxx.cs 添加专业信息窗体界面如图 6.24 所示。

在该窗体的构造函数中，包含一个字符串参数，并且定义一个全局变量来保存专业代码。将传递的参数值赋给 textBox1 控件。代码如下所示：

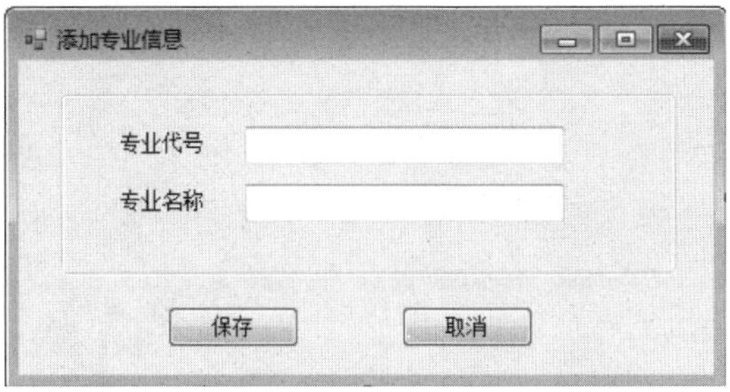

图 6.24　Frmaddzyxx.cs 添加专业信息窗体

```
string zid = "";
public Frmaddzyxx(string a)
{
    InitializeComponent();
    zid = a;
    textBox1.Text = a;
}
```

在“取消”按钮的单击事件中，释放该窗口的资源。代码如下所示：

```
private void button2_Click(object sender,EventArgs e)
{
     this.Dispose();
}
```

在“保存”按钮的单击事件中，首先获取文本框的值，然后判断专业代号或者专业名称是否为空，为空则弹出对话框，提示必须输入内容。然后实例化专业信息类 SpecialtyInfoData 的对象，将窗体上所获取的变量赋值给该对象的属性。判断专业代码是否为空，为空则调用 SpecialtyOperation类的 insertSpecialty( )方法，执行专业信息的插入操作。如果专业代码不为空，那么调用 SpecialtyOperation 类的 updateSpecialty( )方法，执行专业信息的修改操作。代码如下所示：

```
private void button1_Click(object sender,EventArgs e)
{
     string id = textBox1.Text.Trim();
     string name = textBox2.Text.Trim();
     if(id == null || id.Trim().Equals(""))
     {
          //专业代号不允许为空
          MessageBox.Show("请输入专业代号!","提示");
          textBox1.Focus();
```

```
        }
        if(name == null ||name.Trim().Equals(""))
        {
            //专业名称不允许为空
            MessageBox.Show("请输入专业名称!","提示");
            textBox2.Focus();
        }
        Classes.SpecialtyInfoData data = new 学生成绩管理系统 . Clas-
ses.SpecialtyInfoData();
        data.Specialtyid = id;
        data.Specialtymc = name;
        try
        {
            if(zid == "")
            {
                if ( Classes.SpecialtyOperation.insertSpecialty ( da-
ta))
                {
                    MessageBox.Show("添加成功!","提示");
                    textBox1.Text = "";
                    textBox2.Text = "";
                }
                else
                {
                    MessageBox.Show("添加失败!","错误");
                }
            }
            else
            {
                if(Classes.SpecialtyOperation.updateSpecialty(data))
                {
                    MessageBox.Show("修改成功!","提示");
                    this.Dispose();
                    this.Close();
                    Frmzyxxcx cx = new Frmzyxxcx("");
                    cx.Show();
                    cx.bindDataGrid();
```

```
                }
                else
                {
                    MessageBox.Show("修改失败!","错误");
                }
            }
        }
        catch(Exception ex)
        {
            ex.ToString();
            MessageBox.Show("保存失败!","错误");
        }
    }
```

6.4.10　任务10:Frmcjcx.cs成绩查询窗体

Frmcjcx.cs窗体主要是实现学生成绩查询功能。该窗体中,可以通过学生学号或者课程编号进行查询,窗体中有一个DataGridView控件,当查询出结果后,可以选中控件中的一条记录,进行删除或者修改操作。Frmcjcx.cs成绩查询窗体界面如图6.25所示。

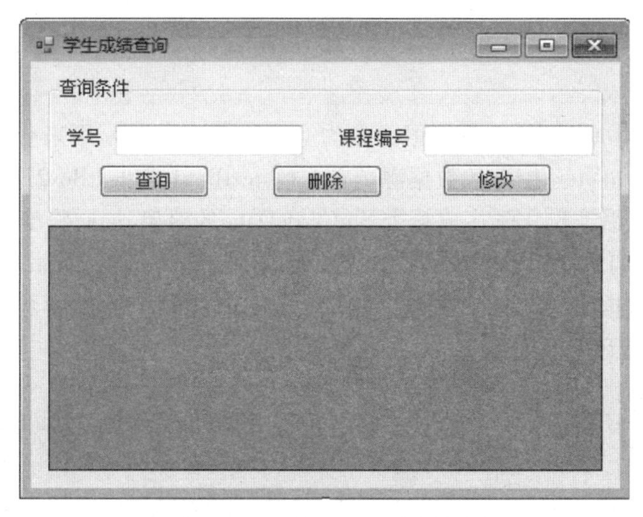

图6.25　Frmcjcx.cs成绩查询窗体

在该窗体的构造函数中,包含一个字符串变量。首先调用用户权限类Constants的Userlevel属性值,如果用户的登录身份是学生,那么只允许查询自己的成绩,不允许查询其他人的成绩,所以设置学号文本框的Enabled属性为false,并且在textBox1文本框中显示用户名属性的值。判断参数flag的值,如果该值为del,那么"删除"按钮可见,可以删除查询出的某条记录。判断参数flag的值,如果该值为mod,那么"修改"按钮可见,可以修改查询出的某条记录。代码如下所示:

```
public Frmcjcx(string flag)
{
    InitializeComponent();
    if(Classes.Constants.Userlevel == "学生")
    {
        /* 判断用户的登录身份,如果是学生,则直接显示其用户名,不允许其查询其他人的成绩 */
        textBox1.Text = Classes.Constants.Username;
        textBox1.Enabled = false;
    }
    if(flag == "del")
    {
        //当前进行删除查询出的某条记录的操作
        this.button2.Visible = true;
    }
    else if(flag == "mod")
    {
        //当前进行修改查询出的某条记录的操作
        this.button3.Visible = true;
    }
}
```

自定义方法 bindDataGrid( ),返回值类型为空。该方法主要是用来获取查询的数据集,并且将结果作为 DataGridView 控件的数据源。首先将 textBox1 和 textBox2 文本框控件中的值赋给变量 sno 和 cno,然后实例化学生成绩类 StuGradeData 的对象 data,将变量 sno 和 cno 的值作为对象 data 的属性,通过调用学生成绩操作类 StuGradeOperation 的 getStuGrade( )方法,来获取要查询的学生成绩数据集,并且将该数据集作为 dataGridView1 控件的数据源。如果出错,弹出异常消息。代码如下所示:

```
public void bindDataGrid()
{
    string sno = textBox1.Text.Trim();
    string cno = textBox2.Text.Trim();
    Classes.StuGradeData data = new 学生成绩管理系统.Classes.StuGradeData();
    data.Sno = sno;
    data.Cno = cno;
    try
    {
```

```
            DataSet ds = Classes.StuGradeOperation.getStuGrade(data);
            dataGridView1.DataSource = ds.Tables[0];
        }
        catch(Exception ex)
        {
            ex.ToString();
        }
    }
```

单击“查询”按钮的时候，调用自定义方法 bindDataGrid( )。代码如下所示：

```
    private void button1_Click(object sender,EventArgs e)
    {
        bindDataGrid();
    }
```

单击“删除”按钮，可以执行该按钮的单击事件。首先获取窗体上 dataGridView1 控件中所选中的行索引，如果该值小于 0，弹出对话框提示要删除记录；否则，弹出对话框中的“是”按钮，将实例化学生成绩类 StuGradeData 的对象 data，然后调用学生成绩操作类 StuGradeOperation 的 getStuGrade( )方法，获取学生成绩的数据集合。通过调用学生成绩操作类 StuGradeOperation 的 deleteStuGrade( )方法，调用删除某条成绩记录的函数，执行删除操作；否则，弹出错误消息。代码如下所示：

```
    private void button2_Click(object sender,EventArgs e)
    {
        int index = dataGridView1.CurrentCell.RowIndex;
        if(index < 0)
        {
            MessageBox.Show("请选择要删除的记录!","提示");
        }
        else
        {
            if(MessageBox.Show("确认要删除吗?","删除",MessageBoxBut-
tons.YesNo) == DialogResult.Yes)
            {
                Classes.StuGradeData data = new 学生成绩管理系统.Clas-
ses.StuGradeData();
                DataSet ds = Classes.StuGradeOperation.getStuGrade
(data);
```

```
                string sno = ds.Tables[0].Rows[index]["学号"]. ToS-
tring();
                string cno = ds.Tables[0].Rows[index]["课程编号"].ToS-
tring();
                try
                {
                    if(Classes. StuGradeOperation. deleteStuGrade
(sno,cno))
                    {
                        //调用删除某条成绩记录的函数
                        MessageBox.Show("删除成功!","提示");
                        bindDataGrid();
                    }
                    else
                    {
                        MessageBox.Show("删除失败!","错误");
                    }
                }
                catch(Exception ex)
                {
                    ex.ToString();
                    MessageBox.Show("删除失败!","错误");
                }
            }
        }
    }
```

单击“修改”按钮，可以执行该按钮的单击事件。首先获取窗体上 dataGridView1 控件中所选中的行索引，如果该值小于 0，弹出对话框提示要修改记录；否则，实例化学生成绩类 StuGradeData 的对象 data，然后调用学生成绩操作类 StuGradeOperation 的 getStuGrade( ) 方法，获取学生成绩的数据集合。当选择修改操作的时候，实例化 Frmaddcj. cs 类的对象，调出成绩添加界面，对该学生成绩进行修改。代码如下所示：

```
    private void button3_Click(object sender,EventArgs e)
    {
        int index = dataGridView1.CurrentCell.RowIndex;
        if(index < 0)
        {
```

```
                MessageBox.Show("请选择要修改的记录!","提示");
                return;
            }
            else
            {
                Classes.StuGradeData data = new 学生成绩管理系统.Classes.
StuGradeData();
                DataSet ds = Classes.StuGradeOperation.getStuGrade(data);
                string sno = ds.Tables[0].Rows[index]["学号"].ToString
();
                string cno = ds.Tables[0].Rows[index]["课程编号"]. ToS-
tring();
                Frmaddcj modcj = new Frmaddcj(sno,cno);
                modcj.ShowDialog(this); //调出成绩添加界面
            }
        }
```

6.4.11　任务11:Frmclasscx.cs 班级查询窗体

Frmclasscx.cs 窗体主要实现班级信息的查询功能。该窗体中,可以通过班级名称或者专业名进行查询,窗体中有一个 DataGridView 控件,当查询出结果后,可以选中控件中的一条记录,进行删除或者修改操作。Frmclasscx.cs 成绩查询窗体界面如图 6.26 所示。

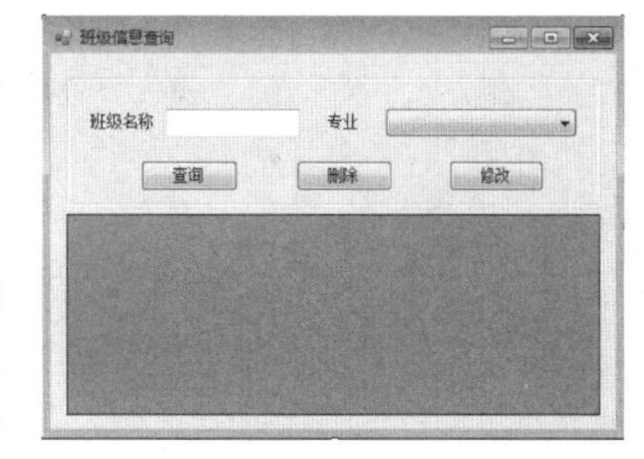

图 6.26　Frmclasscx.cs 成绩查询窗体

在该窗体的构造函数中,包含一个字符串变量。首先调用专业操作类 SpecialtyOperation 的 getallsp()方法,获取专业数据集,将字段 Specialtyid 的值赋给 comboBox1 控件的 ValueMember 属性值,将字段 Specialtymc 的值赋给 comboBox1 控件的 DisplayMember 属性值,并且将获取的数据集设置为 comboBox1 控件的数据源。判断参数 flag 的值,如果该值为 del,那么“删除”按钮可见,可以删除查询出的某条记录。判断参数 flag 的值,如果该值为 mod,那么“修改”按钮可见,可以修改查询出的某条记录。代码如下所示:

```
    public Frmclasscx(string flag)
    {
        InitializeComponent();
        DataSet ds = Classes.SpecialtyOperation.getallsp();
        comboBox1.ValueMember = "Specialtyid";
```

```
        comboBox1.DisplayMember = "Specialtymc";
        comboBox1.DataSource = ds.Tables["Spe"];
        if(flag == "mod")
        {
            //修改按钮显示
            button3.Visible = true;
        }
        else if(flag == "del")
        {
            //删除按钮显示
            button2.Visible = true;
        }
    }
```

自定义方法 bindDataGrid(),返回值类型为空,该方法主要用来获取查询的数据集,并且将结果作为 DataGridView 控件的数据源。首先将 textBox1 文本框和 comboBox1 控件中的值赋给变量 classid 和 zyid,然后实例化班级信息类 ClassInfoData 的对象 data,将变量 classid 和zyid的值作为对象 data 的属性,通过调用班级操作类 ClassInfoOperation 的 getClassInfo()方法,来获取要查询的班级信息数据集,并且将该数据集作为 dataGridView1 控件的数据源。如果出错,弹出异常消息。代码如下所示:

```
    public void bindDataGrid()
    {
        string classid = textBox1.Text.Trim();
        string zyid = comboBox1.SelectedValue.ToString();
         Classes.ClassInfoData data = new 学生成绩管理系统.Classes.
ClassInfoData();
        data.Classid = classid;
        data.Specialtyid = zyid;
        try
        {
            DataSet ds = Classes.ClassInfoOperation.getClassInfo(data);
            dataGridView1.DataSource = ds.Tables[0];
        }
        catch(Exception ex)
        {
            ex.ToString();
        }
    }
```

单击“查询”按钮的时候，调用自定义方法 bindDataGrid( )。代码如下所示：

```
private void button1_Click(object sender,EventArgs e)
{
      bindDataGrid();
}
```

单击“修改”按钮，可以执行该按钮的单击事件。首先获取窗体上 dataGridView1 控件中所选中的行索引，如果该值小于 0，那么弹出对话框，提示要修改记录。否则，实例化班级信息类 ClassInfoData 的对象 data，然后调用班级信息操作类 ClassInfoOperation 的 getClassInfo( ) 方法，获取班级信息的数据集合。当选择修改操作的时候，实例化 FrmaddClass. cs 类的对象，调出班级添加界面，对该班级信息进行修改操作。代码如下所示：

```
private void button3_Click(object sender,EventArgs e)
{
      int index = dataGridView1.CurrentCell.RowIndex;
      if(index < 0)
      {
            //必须选择一条要修改的记录
            MessageBox.Show("请选择要修改的记录!","提示");
            return;
      }
      else
      {
            Classes.ClassInfoData data = new 学生成绩管理系统.Classes.
ClassInfoData();
            DataSet  ds  =  Classes.ClassInfoOperation.getClassInfo
(data);
            FrmaddClass modclass = new FrmaddClass(ds.Tables[0].
Rows[index +1]["班级名称"].ToString());
            modclass.Show();
            this.Close();
      }
}
```

单击“删除”按钮，可以执行该按钮的单击事件。首先获取窗体上 dataGridView1 控件中所选中的行索引，如果该值小于 0，弹出对话框，提示要删除记录；否则，弹出对话框中的“是”按钮，将实例化班级信息类 ClassInfoData 的对象 data，然后调用班级信息操作类ClassInfoOperation 的 getClassInfo( ) 方法，获取班级信息的数据集合。通过调用班级信息操作类 ClassInfoOperation 的 deleteClassInfo( ) 方法，调用删除某条班级记录的函数，执行删除操作；否则，弹出错误消息。代码如下所示：

```
    private void button2_Click(object sender,EventArgs e)
    {
            //必须选择一条要删除的记录
            int index = dataGridView1.CurrentCell.RowIndex;
            if(index < 0)
            {
                    MessageBox.Show("请选择要删除的记录!","提示");
                    return;
            }
            else
            {
                    if(MessageBox.Show("确认要删除吗?","删除",MessageBoxBut-
tons.YesNo) == DialogResult.Yes)
                    {
                        Classes.ClassInfoData data = new 学生成绩管理系统.
Classes.ClassInfoData();
                        DataSet ds = Classes.ClassInfoOperation.getClassIn-
fo(data);
                        string id = ds.Tables[0].Rows[index]["班级名称"].To-
String();
                        try
                        {
                                if(Classes.ClassInfoOperation.deleteClass-
Info(id))
                                {
                                        MessageBox.Show("删除成功!","提示");
                                        this.Close();
                                }
                                else
                                {
                                        MessageBox.Show("删除失败!","错误");
                                }
                        }
                        catch(Exception ex)
                        {
                                ex.ToString();
                                MessageBox.Show("删除失败!","错误");
```

```
                    }
                }
            }
        }
```

6.4.12　任务12:FrmCourseInfoCx.cs 课程查询窗体

FrmCourseInfoCx.cs 窗体用来实现查询课程信息功能。该窗体中,可以通过课程名称、课程编号或者课程类型进行查询,窗体中有一个 DataGridView 控件,当查询出结果后,可以选中控件中的一条记录,进行删除或者修改操作。FrmCourseInfoCx.cs 课程查询窗体界面如图 6.27 所示。

图 6.27　FrmCourseInfoCx.cs 课程查询窗体

在该窗体的构造函数中,包含一个字符串变量。判断参数 flag 的值,如果该值为 del,则"删除"按钮可见,可以删除查询出的某条记录;判断参数 flag 的值,如果该值为 mod,则"修改"按钮可见,可以修改查询出的某条记录。代码如下所示:

```
public FrmCourseInfoCx(string flag)
{
    InitializeComponent();
    if(flag == "mod")
    {
        //修改按钮显示
        button3.Visible = true;
    }
    else if(flag == "del")
    {
        //删除按钮显示
        button2.Visible = true;
    }
}
```

自定义方法 bindDataGrid( )，返回值类型为空，该方法主要用来获取查询的数据集，并且将结果作为 DataGridView 控件的数据源。首先将 textBox1 文本框、textBox2 文本框和 comboBox1 控件中的值赋给变量 kcid、kcname 和 coursetype，然后实例化课程信息类 CourseInfoData 的对象 data，将变量 kcid、kcname 和 coursetype 的值作为对象 data 的属性，通过调用课程操作类 CourseInfoOperation 的 getCourseInfo( ) 方法，来获取要查询的课程信息数据集，并且将该数据集作为 dataGridView1 控件的数据源。如果出错，弹出异常消息。代码如下所示：

```
    public void bindDataGrid()
    {
        string kcid = textBox2.Text;
        string kcname = textBox1.Text;
        string coursetype = (string)comboBox1.SelectedItem;
        Classes.CourseInfoData data = new 学生成绩管理系统.Classes.CourseInfoData();
        data.Kcid = kcid;
        data.Kcname = kcname;
        data.Coursetype = coursetype;
        try
        {
            DataSet ds = Classes.CourseInfoOperation.getCourseInfo(data);
            dataGridView1.DataSource = ds.Tables[0];
        }
        catch(Exception ex)
        {
            ex.ToString();
        }
    }
```

单击“查询”按钮的时候，调用自定义方法 bindDataGrid( )。代码如下所示：

```
    private void button1_Click(object sender,EventArgs e)
    {
        bindDataGrid();
    }
```

单击“修改”按钮，可以执行该按钮的单击事件。首先获取窗体上 dataGridView1 控件中所选中的行索引，如果该值小于 0，弹出对话框，提示要修改记录；否则，实例化课程信息类 CourseInfoData 的对象 data，然后调用课程信息操作类 CourseInfoOperation 的 getCourseInfo( ) 方法，获取课程信息的数据集合。当选择修改操作的时候，实例化 FrmaddCourseInfo 类的对象，调出课程添加界面，对该课程信息进行修改操作。代码如下所示：

```
    private void button3_Click(object sender,EventArgs e)
    {
        int index = dataGridView1.CurrentCell.RowIndex;
        if(index <0)
        {
            //必须选择要修改的记录
            MessageBox.Show("请选择要修改的记录!","提示");
            return;
        }
        else
        {
            Classes.CourseInfoData data = new 学生成绩管理系统 . Clas-
ses.CourseInfoData();
            DataSet ds = Classes.CourseInfoOperation.getCourseInfo
(data);
            FrmaddCourseInfo modcourse = new FrmaddCourseInfo(ds.
Tables[0].Rows[index]["课程编号"].ToString());
            modcourse.Show();
            this.Close();
        }
    }
```

单击“删除”按钮，可以执行该按钮的单击事件。首先获取窗体上 dataGridView1 控件中所选中的行索引，如果该值小于 0，弹出对话框，提示要删除记录；否则，弹出对话框中的“是”按钮，将实例化课程信息类 CourseInfoData 的对象 data，然后调用课程信息操作类 CourseInfoOperation 的 getCourseInfo( )方法，获取课程信息的数据集合。通过调用课程信息操作类 CourseInfoOperation 的 deleteCourseInfo( )方法，调用删除某条课程记录的函数，执行删除操作；否则，弹出错误消息。代码如下所示：

```
    private void button2_Click(object sender,EventArgs e)
    {
        int index = dataGridView1.CurrentCell.RowIndex;
        if(index <0)
        {
            //必须选择要删除的记录
            MessageBox.Show("请选择要删除的记录!","提示");
            return;
        }
        else
```

```
    {
        if(MessageBox.Show("确认要删除吗?","删除",MessageBoxBut-
tons.YesNo)==DialogResult.Yes)
        {
            Classes.CourseInfoData data = new 学生成绩管理系统.
Classes.CourseInfoData();
            DataSet ds = Classes. CourseInfoOperation. getCour-
seInfo(data);
            string id=ds.Tables[0].Rows[index]["课程编号"]. To-
String();
            try
            {
                if(Classes. CourseInfoOperation. deleteCourseIn-
fo(id))
                {
                    MessageBox.Show("删除成功!","提示");
                    bindDataGrid();
                }
                else
                {
                    MessageBox.Show("删除失败!","错误");
                }
            }
            catch(Exception ex)
            {
                ex.ToString();
                MessageBox.Show("删除失败!","错误");
            }
        }
    }
}
```

6.4.13 任务13:Frmmmxg.cs用户修改密码窗体

Frmmmxgx.cs窗体主要实现用户修改密码的功能。该窗体中,可以通过输入用户名和原密码,然后输入新密码和确认新密码,来修改用户的登录密码。Frmmmxgx.cs用户修改密码窗体界面如图6.28所示。

在该窗体的构造函数中,包含一个字符串变量userid。通过实例化用户信息类UserInfoData的对象,将参数的值赋给该对象的Userid属性。通过调用用户操作类UserInfoOperation的

getUserInfoAll()方法，来获取用户名为 userid 的记录信息，并且用户名文本框的 Enabled 属性设置为 false，不可以修改。

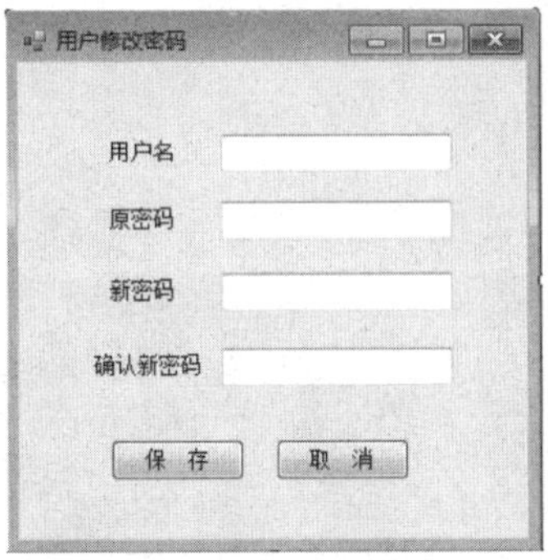

图 6.28　Frmmmxgx. cs 用户修改密码窗体

代码如下所示：

```
    public Frmmmxg(string userid)
    {
          InitializeComponent();
          Classes.UserInfoData data = new 学生成绩管理系统. Classes.Use-
rInfoData();
          data.Userid = userid;
          DataSet ds = Classes.UserInfoOperation.getUserInfoAll(data);
          if(ds.Tables[0].Rows.Count > 0)
          {
                this.textBox1.Text = ds.Tables[0].Rows[0]["Userid"].
ToString();
                this.textBox1.Enabled = false;
          }
    }
```

在“保存”按钮的单击事件中，首先实例化用户信息类 UserInfoData 的对象 data，将用户名作为用户信息操作类 UserInfoOperation 的 getUserInfoAll()方法的参数，调用该用户的记录内容。获取记录中 Userpwd 字段的值，将其与 textBox2 文本框中的内容进行比对，如果不一致，弹出对话框，提示原密码不正确。然后判断 textBox3 和 textBox4 中文本框的内容是否一致，如果不一致，弹出对话框，提示新密码不一致。最后通过调用用户信息类 UserInfoOperation 的 updateUserInfo()方法来修改登录用户的密码。代码如下所示：

```
    private void button1_Click(object sender,EventArgs e)
    {
          Classes.UserInfoData data = new 学生成绩管理系统. Classes.Use-
rInfoData();
```

```
        data.Userid = this.textBox1.Text.Trim();
        DataSet ds = Classes.UserInfoOperation.getUserInfoAll(data);
        if(this.textBox2.Text != ds.Tables[0].Rows[0]["Userpwd"]. ToS-
tring())
        {
            MessageBox.Show("原密码不正确!","提示");
            this.textBox2.Focus();
        }
        if(this.textBox4.Text.Trim() != this.textBox3.Text.Trim())
        {
            MessageBox.Show("确认密码不正确!","提示");
            this.textBox3.Focus();
            return;
        }
        try
        {
            data.Userid = this.textBox1.Text;
            data.Userpwd = this.textBox3.Text;
            data.Userlevel = ds.Tables[0].Rows[0]["Userlevel"]. To-
String();
            if(Classes.UserInfoOperation.updateUserInfo(data))
            {
                MessageBox.Show("修改成功!","提示");
                this.Dispose();
            }
            else
            {
                MessageBox.Show("修改失败!","错误");
                return;
            }
        }
        catch(Exception ex)
        {
            ex.ToString();
            MessageBox.Show("修改失败!","错误");
        }
    }
```

6.4.14　任务14:Frmstuxxcx.cs学生查询窗体

Frmstuxxcx.cs窗体主要是实现学生信息查询功能。该窗体中,可以通过学生学号、学生姓名、性别或班级信息进行查询,窗体中有一个DataGridView控件,当查询出结果后,可以选中控件中的一条记录,进行删除或者修改操作。Frmstuxxcx.cs学生查询窗体界面如图6.29所示。

图6.29　Frmstuxxcx.cs 学生查询窗体

在该窗体的构造函数中,包含一个字符串变量。首先调用班级信息操作类ClassInfoOperation的getClassInfo()方法,获取班级数据集,将字段班级名称的值赋给comboBox2控件的ValueMember属性值和DisplayMember属性值,并且将获取的数据集设置为comboBox2控件的数据源。判断参数flag的值,如果该值为del,则“删除”按钮可见,可以删除查询出的某条记录;判断参数flag的值,如果该值为mod,则“修改”按钮可见,可以修改查询出的某条记录。代码如下所示:

```
public Frmstuxxcx(string flag)
{
    InitializeComponent();
    try
    {
        DataSet ds = Classes.ClassInfoOperation.getClassInfo(new
学生成绩管理系统.Classes.ClassInfoData());
        comboBox2.DataSource = ds.Tables[0];
        comboBox2.ValueMember = "班级名称";
        comboBox2.DisplayMember = "班级名称";
    }
    catch(Exception ex)
    {
        ex.ToString();
    }
    if(flag == "mod")
    {
        button3.Visible = true;
    }
    else if(flag == "del")
    {
        button2.Visible = true;
```

```
        }
    }
```

自定义方法 bindDataGrid(),返回值类型为空,该方法主要用来获取查询的数据集,并且将结果作为 DataGridView 控件的数据源。首先将 textBox1 文本框、textBox2 文本框、comboBox1 控件的Item值和 comboBox2 控件的 Value 值分别赋给变量 sno、name、sex 和 classid,然后实例化学生信息类 StudentInfoData 的对象 data,将变量 sno、name、sex 和 classid 的值作为对象 data 的属性,通过调用学生信息操作类 StudentInfoOperation 的 getStudentInfo()方法,来获取要查询的学生信息数据集,并且将该数据集作为 dataGridView1 控件的数据源。如果出错,弹出异常消息。代码如下所示:

```
    public void bindDataGrid()
    {
        string sno = textBox1.Text.Trim();
        string name = textBox2.Text.Trim();
        string sex = (string)comboBox1.SelectedItem;
        string classid = (string)comboBox2.SelectedValue;
        Classes.StudentInfoData data = new 学生成绩管理系统.Classes.
StudentInfoData();
        data.Sno = sno;
        data.Sname = name;
        data.Sex = sex;
        data.Classid = classid;
        try
        {
            DataSet ds = Classes.StudentInfoOperation.getStudentInfo
(data);
            dataGridView1.DataSource = ds.Tables[0];
        }
        catch(Exception ex)
        {
            ex.ToString();
        }
    }
```

单击“查询”按钮的时候,调用自定义方法 bindDataGrid()。代码如下所示:

```
    private void button1_Click(object sender,EventArgs e)
    {
        bindDataGrid();
    }
```

单击“删除”按钮，可以执行该按钮的单击事件。首先获取窗体上 dataGridView1 控件中所选中的行索引，如果该值小于 0，弹出对话框，提示要删除记录；否则，弹出对话框中的“是”按钮，将实例化学生信息类 StudentInfoData 的对象 data，然后调用学生信息操作类 StudentInfoOperation 的 getStudentInfo( )方法，获取学生信息的数据集合。通过调用学生信息操作类 StudentInfoOperation 的 deleteStudentInfo( )方法，调用删除某条学生记录的函数，执行删除操作；否则，弹出错误消息。代码如下所示：

```
    private void button2_Click(object sender,EventArgs e)
    {
          int index=dataGridView1.CurrentCell.RowIndex;
          if(index<0)
          {
                MessageBox.Show("请选择要删除的记录!","提示");
                return;
          }
          else
          {
                if(MessageBox.Show("确认要删除吗?","删除",MessageBoxBut-
tons.YesNo)==DialogResult.Yes)
                {
                      Classes.StudentInfoData data=new 学生成绩管理系统.Clas-
ses.StudentInfoData();
                      DataSet ds = Classes. StudentInfoOperation. getStu-
dentInfo(data);
                      string id=ds.Tables[0].Rows[index]["学号"].ToString
();
                      try
                      {
                            if(Classes. StudentInfoOperation. deleteStudentIn-
fo(id))
                            {
                                  MessageBox.Show("删除成功!","提示");
                                  bindDataGrid();
                            }
                            else
                            {
                                  MessageBox.Show("删除失败!","错误");
                            }
```

```
                }
                catch(Exception ex)
                {
                    ex.ToString();
                    MessageBox.Show("删除失败!","错误");
                }
            }
        }
    }
```

单击“修改”按钮,可以执行该按钮的单击事件。首先获取窗体上 dataGridView1 控件中所选中的行索引,如果该值小于0,弹出对话框,提示要修改记录。否则,实例化学生信息类 StudentInfoData 的对象 data,然后调用学生信息操作类 StudentInfoOperation 的 getStudentInfo()方法,获取学生信息的数据集合。当选择修改操作的时候,实例化 Frmaddstu. cs 类的对象,调出学生添加界面,对该学生信息进行修改。代码如下所示:

```
    private void button3_Click(object sender,EventArgs e)
    {
        int index = dataGridView1.CurrentCell.RowIndex;
        if(index < 0)
        {
            MessageBox.Show("请选择要修改的记录!","提示");
            return;
        }
        else
        {
            Classes.StudentInfoData data = new 学生成绩管理系统.Classes
.StudentInfoData();
            DataSet ds = Classes.StudentInfoOperation.getStudentInfo
(data);
            Frmaddstu stu = new Frmaddstu(ds.Tables[0].Rows[index]
["学号"].ToString());
            stu.Show();
            this.Close();
        }
    }
```

6.4.15 任务15:Frmteachercx. cs 教师查询窗体

Frmteachercx. cs 窗体主要实现教师信息查询功能。该窗体中,可以通过教师代号、教师

姓名或性别进行查询，窗体中有一个 DataGridView 控件，当查询出结果后，可以选中控件中的一条记录，进行删除或者修改操作。Frmteachercx. cs 教师查询窗体界面如图 6. 30 所示。

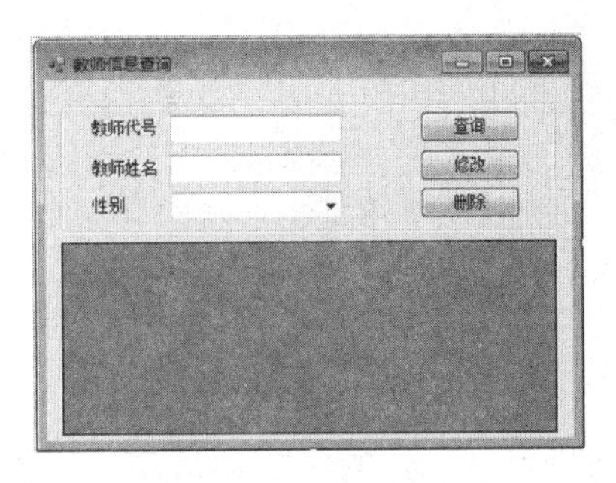

图 6. 30　Frmteachercx. cs 教师查询窗体

在该窗体的构造函数中，包含一个字符串变量。判断参数 flag 的值，如果该值为 del，则“删除”按钮可见，可以删除查询出的某条记录；判断参数 flag 的值，如果该值为 mod，则“修改”按钮可见，可以修改查询出的某条记录。代码如下所示：

```
public Frmteachercx(string flag)
{
    InitializeComponent();
    if(flag == "mod")
    {
        button2.Visible = true;
    }
    else if(flag == "del")
    {
        button3.Visible = true;
    }
}
```

自定义方法 bindDataGrid()，返回值类型为空，该方法主要用来获取查询的数据集，并且将结果作为 DataGridView 控件的数据源。首先将 textBox1 文本框、textBox2 文本框和 comboBox1 控件中的值赋给变量 teaid、teaname 和 teasex，然后实例化教师信息类 TeacherInfoData 的对象 data，将变量 teaid、teaname 和 teasex 的值作为对象 data 的属性，通过调用教师信息操作类 TeacherInfoOperation 的 getTeacherInfo()方法，来获取要查询的教师信息数据集，并且将该数据集作为 dataGridView1 控件的数据源。如果出错，弹出异常消息。代码如下所示：

```
public void bindDataGrid()
{
    string teaid = textBox1.Text.Trim();
    string teaname = textBox2.Text.Trim();
    string teasex = (string)comboBox1.SelectedItem;
    Classes.TeacherInfoData data = new 学生成绩管理系统.Classes.
TeacherInfoData();
    data.Teaid = teaid;
    data.Teaname = teaname;
    data.Teasex = teasex;
```

```
        try
        {
            DataSet ds = Classes.TeacherInfoOperation.getTeacherIn-
fo(data);
            dataGridView1.DataSource = ds.Tables[0];
        }
        catch(Exception ex)
        {
            ex.ToString();
        }
    }
```

单击“查询”按钮的时候，调用自定义方法 bindDataGrid()。代码如下所示：

```
    private void button1_Click(object sender,EventArgs e)
    {
        bindDataGrid();
    }
```

单击“删除”按钮，可以执行该按钮的单击事件。首先获取窗体上 dataGridView1 控件中所选中的行索引，如果该值小于 0，弹出对话框，提示要删除记录；否则，弹出对话框中的“是”按钮，将实例化教师信息类 TeacherInfoData 的对象 data，然后调用教师信息操作类 TeacherInfoOperation 的 getTeacherInfo()方法，获取教师信息的数据集合。通过调用教师信息操作类 TeacherInfoOperation 的 deleteTeacherInfo()方法，调用删除某条教师记录的函数，执行删除操作；否则，弹出错误消息。代码如下所示：

```
    private void button3_Click(object sender,EventArgs e)
    {
        int index = dataGridView1.CurrentCell.RowIndex;
        if(index < 0)
        {
            MessageBox.Show("请选择要删除的记录!","提示");
            return;
        }
        else
        {
            if(MessageBox.Show("确认要删除吗?","删除",MessageBoxBut-
tons.YesNo) == DialogResult.Yes)
            {
```

```
                Classes.TeacherInfoData data = new 学生成绩管理系统.Clas-
ses.TeacherInfoData();
                DataSet ds = Classes.TeacherInfoOperation.getTeacher-
Info(data);
                string id = ds.Tables[0].Rows[index]["教师代码"]. ToS-
tring();
                try
                {
                    if(Classes. TeacherInfoOperation. deleteTeach-
erInfo(id))
                    {
                        MessageBox. Show("删除成功!","提示");
                        this.Close();
                    }
                    else
                    {
                        MessageBox. Show("删除失败!","错误");
                    }
                }
                catch(Exception ex)
                {
                    ex.ToString();
                    MessageBox.Show("删除失败!","错误");
                }
            }
        }
    }
```

单击“修改”按钮,可以执行该按钮的单击事件。首先获取窗体上 dataGridView1 控件中所选中的行索引,如果该值小于0,弹出对话框,提示要修改记录;否则,实例化教师信息类 TeacherInfoData 的对象 data,然后调用教师信息操作类 TeacherInfoOperation 的 getTeacherInfo()方法,获取教师信息的数据集合。当选择修改操作的时候,实例化 Frmaddteacher. cs 类的对象,调出教师添加界面,对该教师信息进行修改操作。代码如下所示:

```
    private void button2_Click(object sender,EventArgs e)
    {
        int index = dataGridView1.CurrentCell.RowIndex;
        if(index < 0)
        {
```

```
                MessageBox.Show("请选择要修改的记录!","提示");
                return;
            }
            else
            {
                Classes.TeacherInfoData data = new 学生成绩管理系统 . Clas-
ses. TeacherInfoData();
                DataSet ds = Classes. TeacherInfoOperation. getTeacher-
Info(data);
                Frmaddteacher modtea = new Frmaddteacher(ds.Tables[0].
Rows[index]["教师代码"].ToString());
                modtea.Show();
                this.Close();
            }
        }
```

6.4.16 任务 16:Frmusercx. cs 用户查询窗体

Frmusercx. cs 窗体主要实现用户信息查询功能。该窗体中,可以通过用户名或者用户类型进行查询,窗体中有一个 DataGridView 控件,当查询出结果后,可以选中控件中的一条记录,进行删除或者修改操作。Frmusercx. cs 用户查询窗体界面如图 6. 31 所示。

图 6. 31　Frmusercx. cs 用户查询窗体

在该窗体的构造函数中,包含一个字符串变量,如果有参数,设置“删除”按钮可以使用。代码如下所示:

```
    public Frmusercx(string a)
    {
        InitializeComponent();
        this.button2.Enabled = true;
    }
```

自定义方法 bindDataGrid( ),返回值类型为空,该方法主要用来获取查询的数据集,并且将结果作为 DataGridView 控件的数据源。首先将 textBox1 文本框和 comboBox1 控件中的值赋给变量 userid 和 userlevel,然后实例化用户信息类 UserInfoData 的对象 data,将变量 userid 和 userlevel 的值作为对象 data 的属性,通过调用用户信息操作类 UserInfoOperation 的 getUserInfo( )方法,来获取要查询的用户信息数据集,并且将该数据集作为 dataGridView1 控件的数据源。如

果出错，弹出异常消息。代码如下所示：

```
public void bindDataGrid()
{
    string userid = this.textBox1.Text.Trim();
    string userlevel = (string)this.comboBox1.SelectedItem;
    Classes.UserInfoData data = new 学生成绩管理系统.Classes.Use-
rInfoData();
    data.Userid = userid;
    data.Userlevel = userlevel;
    try
    {
        DataSet ds = Classes.UserInfoOperation.getUserInfo(data);
        this.dataGridView1.DataSource = ds.Tables[0];
    }
    catch(Exception ex)
    {
        ex.ToString();
    }
}
```

单击“查询”按钮的时候，调用自定义方法 bindDataGrid()。代码如下所示：

```
private void button1_Click(object sender,EventArgs e)
{
    bindDataGrid();
}
```

单击“删除”按钮，可以执行该按钮的单击事件。首先获取窗体上 dataGridView1 控件中所选中的行索引，如果该值小于 0，弹出对话框，提示要删除记录；否则，弹出对话框中的“是”按钮，将实例化用户信息类 UserInfoData 的对象 data，然后调用用户信息操作类UserInfoOperation 的 getUserInfo()方法，获取用户信息的数据集合。通过调用用户信息操作类 UserInfoOperation 的 deleteUserInfo()方法，调用删除某条用户记录的函数，执行删除操作；否则，弹出错误消息。代码如下所示：

```
private void button2_Click(object sender,EventArgs e)
{
    int index = this.dataGridView1.CurrentCell.RowIndex;
    if(index < 0)
    {
        MessageBox.Show("请选择要删除的记录!","提示");
```

```
            return;
        }
        else
        {
            if(MessageBox.Show("确认要删除吗?","删除",MessageBoxBut-
tons.YesNo)==DialogResult.Yes)
            {
                string userid=this.textBox1.Text.Trim();
                string userlevel = (string) this. comboBox1. Selecte-
dItem;
                Classes.UserInfoData data=new 学生成绩管理系统. Clas-
ses.UserInfoData();
                data.Userid=userid;
                data.Userlevel=userlevel;
                DataSet ds =Classes.UserInfoOperation.getUserInfo(data);
                string id=ds.Tables[0].Rows[index]["用户名"]. ToString();
                try
                {
                    //判断是否有该用户
                    if(Classes.UserInfoOperation.deleteUserInfo(id))
                    {
                        //调用删除用户函数
                        MessageBox.Show("删除用户!","提示");
                        bindDataGrid();
                    }
                    else
                    {
                        MessageBox.Show("删除失败!","错误");
                    }
                }
                catch(Exception ex)
                {
                    ex.ToString();
                }
            }
        }
    }
```

6.4.17 任务17:Frmzyxxcx. cs 专业查询窗体

Frmzyxxcx. cs 窗体主要实现专业信息查询功能。该窗体中,可以通过专业代号或者专业名称进行查询,窗体中有一个 DataGridView 控件,当查询出结果后,可以选中控件中的一条记录,进行删除或者修改操作。Frmzyxxcx. cs 专业信息查询窗体界面如图 6. 32 所示。

图 6. 32 Frmzyxxcx. cs 专业信息查询窗体

在该窗体的构造函数中,包含一个字符串变量。判断参数 flag 的值,如果该值为 del,则"删除"按钮可见,可以删除查询出的某条记录;判断参数 flag 的值,如果该值为 mod,则"修改"按钮可见,可以修改查询出的某条记录。代码如下所示:

```
public Frmzyxxcx(string flag)
{
    InitializeComponent();
    if(flag == "mod")
    {
        //修改按钮显示
        button3.Visible = true;
    }
    else if(flag == "del")
    {
        //删除按钮显示
        button2.Visible = true;
    }
}
```

自定义方法 bindDataGrid( ),返回值类型为空,该方法主要用来获取查询的数据集,并且将结果作为 DataGridView 控件的数据源。首先将 textBox1 文本框和 textBox2 文本框控件中的值赋给变量 id 和 name,然后实例化专业信息类 SpecialtyInfoData 的对象 data,将变量 id 和 name 的值作为对象 data 的属性,通过调用专业信息操作类 SpecialtyOperation 的 getSpecialty( )方法,来获取要查询的专业信息数据集，并且将该数据集作为 dataGridView1 控件的数据源。如果出错，弹出异常消息。代码如下所示：

```
public void bindDataGrid()
{
    string id = textBox1.Text.Trim();
    string name = textBox2.Text.Trim();
    Classes.SpecialtyInfoData data = new 学生成绩管理系统.Clas-
ses.SpecialtyInfoData();
    data.Specialtyid = id;
    data.Specialtymc = name;
    try
    {
        DataSet ds = Classes.SpecialtyOperation.getSpecialty(data);
        dataGridView1.DataSource = ds.Tables[0];
    }
    catch(Exception ex)
    {
        ex.ToString();
    }
}
```

单击“查询”按钮的时候，调用自定义方法 bindDataGrid()。代码如下所示：

```
private void button1_Click(object sender,EventArgs e)
{
    bindDataGrid();
}
```

单击“删除”按钮，可以执行该按钮的单击事件。首先获取窗体上 dataGridView1 控件中所选中的行索引，如果该值小于 0，弹出对话框，提示要删除记录；否则，弹出对话框中的“是”按钮，将实例化专业信息类 SpecialtyInfoData 的对象 data，然后调用专业信息操作类 SpecialtyOperation 的 getSpecialty()方法，获取专业信息的数据集合。通过调用专业信息操作类 SpecialtyOperation 的 deleteSpecialty()方法，调用删除某条专业记录的函数，执行删除操作；否则，弹出错误消息。代码如下所示：

```
private void button2_Click(object sender,EventArgs e)
{
    int index = dataGridView1.CurrentCell.RowIndex;
    if(index < 0)
    {
```

```
                //必须选择一条删除的记录
                MessageBox.Show("请选择要删除的记录!","提示");
        }
        else
        {
                if(MessageBox.Show("确认要删除吗?","删除",MessageBoxBut-
tons.YesNo) ==DialogResult.Yes)
                {
                    Classes.SpecialtyInfoData data =new 学生成绩管理系统.
Classes.SpecialtyInfoData();
                    DataSet ds =Classes. SpecialtyOperation. getSpecial-
ty(data);
                    string id =ds.Tables[0].Rows[index]["专业 ID"]. ToS-
tring();
                    try
                    {
                          if(Classes.SpecialtyOperation.deleteSpecialty(id))
                          {
                               MessageBox.Show("删除成功!","提示");
                               bindDataGrid();
                          }
                          else
                          {
                               MessageBox.Show("删除失败!","错误");
                          }
                    }
                    catch(Exception ex)
                    {
                          ex.ToString();
                          MessageBox.Show("删除失败!","错误");
                    }
                }
        }
  }
```

单击“修改”按钮,可以执行该按钮的单击事件。首先获取窗体上 dataGridView1 控件中所选中的行索引,如果该值小于0,弹出对话框,提示要修改记录;否则,实例化专业信息类 SpecialtyInfoData 的对象 data,然后调用专业信息操作类 SpecialtyOperation 的 getSpecialty( )方法,获取专业信息的数据集合。当选择修改操作的时候,实例化 Frmaddzyxx. cs 类的对象,调出专业添加界面，对该专业信息进行修改。代码如下所示：

```
private void button3_Click(object sender,EventArgs e)
{
        int index = dataGridView1.CurrentCell.RowIndex;
        if(index <0)
        {
                //必须选择一条要修改的记录
                MessageBox.Show("请选择要修改的记录!","提示");
                return;
        }
        else
        {
                Classes.SpecialtyInfoData data = new 学生成绩管理系统.
Classes.SpecialtyInfoData();
                DataSet ds = Classes. SpecialtyOperation. getSpecialty
(data);
                Frmaddzyxx modzyxx = new Frmaddzyxx(ds.Tables[0].Rows
[index]["专业 ID"].ToString());
                modzyxx.Show();
                this.Close();
        }
}
```

6.5　本项目实施过程中可能出现的问题

本项目的实施内容，主要是创建学生成绩管理系统中所有的窗体界面。但是在项目实施过程中，会存在或多或少的问题。主要问题如下所示：

1. 窗体构造函数中的参数问题

在本项目中有很多功能公用同一个窗体，比如查询专业信息、删除专业信息和修改专业信息都在同一个窗体上进行，那么就需要设置该窗体的构造函数中的参数，这个参数是用来标记窗体操作记号的。

2. 窗体之间传递变量问题

如果想要在两个窗体之间传递变量，可以在窗体 1 中创建窗体 2 的对象，同时将变量的值在创建对象的位置传递给窗体 2。

3. 获取 DataGridView 控件的数据行问题

DataGridView 控件中需要显示数据集，可以设置该控件的 DataSource 属性的值为数据集 DataSet 中的表。

6.6　后续项目

学生成绩管理系统的窗体设计了之后,也实现了窗体与类、数据库之间的调用,实现了学生成绩管理系统的所有模块功能。本项目的程序模块已经全部完成,接下来可以对该项目进行软件测试。

子项目 7

学生成绩管理系统软件测试

7.1 项目任务

本项目要完成的任务有:

NUnit 单元测试

具体任务指标如下:

对学生成绩管理系统进行单元测试,保证系统能够正常运行

7.2 项目的提出

系统测试是为了发现错误而执行程序的过程,成功的测试是能及时发现在此以前一直存在的错误的测试。系统测试可以提高系统的安全性、可靠性、实用性。根据本系统的实际情况进行系统测试。

7.3 实施项目的预备知识

预备知识的重点内容:

1. 掌握系统测试的目的
2. 掌握系统测试的原则
3. 了解常用的系统测试工具

关键术语:

系统测试:英文是 System Testing,是将已经确认的软件、计算机硬件、外设、网络等其他元素结合在一起,进行信息系统的各种组装测试和确认测试。系统测试是针对整个产品系统进行的测试,目的是验证系统是否满足了需求规格的定义,找出与需求规格不符或与之矛盾的地方,从而提出更加完善的方案。系统测试发现问题之后要经过调试找出错误原因和位置,然后进行改正;是基于系统整体需求说明书的黑盒类测试,应覆盖系统所有联合的部件。对象不仅

仅包括需测试的软件，还要包含软件所依赖的硬件、外设甚至某些数据、某些支持软件及其接口等。

测试用例：Test Case，是为某个特殊目标而编制的一组测试输入、执行条件及预期结果，以便测试某个程序路径或核实是否满足某个特定需求。

软件可靠性：1983 年美国 IEEE 计算机学会对“软件可靠性”作出了明确定义，此后该定义被美国标准化研究所接受为国家标准，1989 年我国也接受该定义为国家标准。该定义包括两方面的含义：①在规定的条件下，在规定的时间内，软件不引起系统失效的概率；②在规定的时间周期内，在所述条件下程序执行所要求的功能的能力；其中的概率是系统输入和系统使用的函数，也是软件中存在的故障的函数，系统输入将确定是否会遇到已存在的故障（如果故障存在的话）。

预备知识的内容结构：

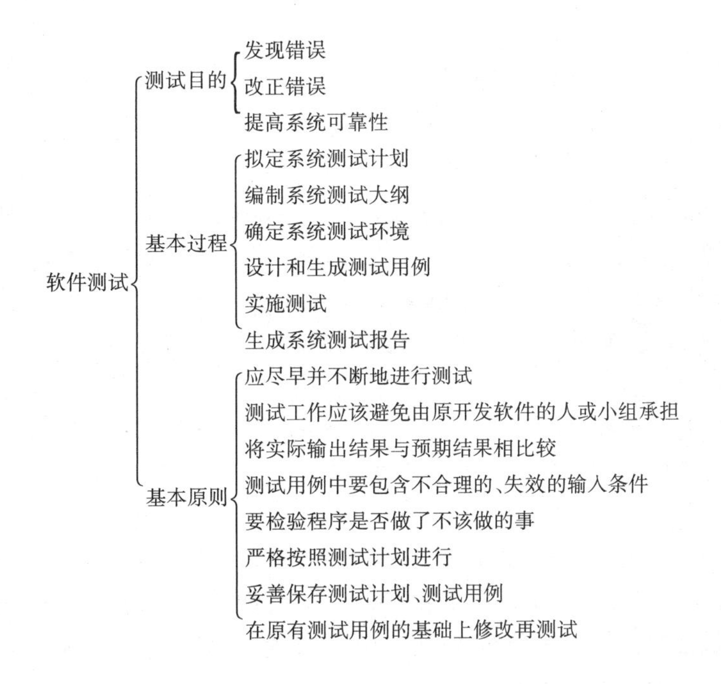

预备知识：

7.3.1　系统测试的目的

系统测试是程序的一种执行过程，目的是尽可能发现并改正被测试系统中的错误，提高系统的可靠性。它是系统生命周期中一项非常重要且非常复杂的工作，对系统可靠性保证具有极其重要的意义。

在目前形式化方法和程序正确性证明技术无望成为实用性方法的情况下，系统测试在将来相当一段时间内仍然是系统可靠性保证的有效方法。

软件工程的总目标是充分利用有限的人力和物力资源，高效率、高质量地完成系统开发项目。

不足的测试势必使系统带着一些隐藏错误而投入运行，这将意味着更大的危险让用户承担。过渡测试则会浪费许多宝贵的资源。到测试后期，即使找到了错误，也会付出过高的代价。

E. W. Dijkstra 认为：“程序测试只能表明错误的存在，而不能表明错误不存在。”可见，测试是为了使系统中的缺陷低于某一特定值，使产出、投入比达到最大。

7.3.2 系统测试的基本过程

系统测试是一个极为复杂的过程。一个规范化的系统测试过程通常包括以下基本的测试活动：

①拟定系统测试计划；

②编制系统测试大纲；

③确定系统测试环境；

④设计和生成测试用例；

⑤实施测试；

⑥生成系统测试报告。

对整个测试过程进行有效的管理，实际上，系统测试过程与整个系统开发过程基本上是平行进行的，那些认为只有在系统开发完成以后才进行测试的观点是危险的。

测试计划早在需求分析阶段就应开始制定，其他相关工作，包括测试大纲的制定、测试数据的生成、测试工具的选择和开发等也应在测试阶段之前进行。充分的准备工作可以有效地克服测试的盲目性、缩短测试周期、提高测试效率，并且起到测试文档与开发文档互查的作用。

系统市场大纲是系统测试的依据。它明确、详尽地规定了在测试中针对系统的每一项功能或特性所必须完成的基本测试项目和测试完成的标准。无论是自动测试还是手动测试，都必须满足测试大纲的要求。

测试环境是一个确定的、可以明确说明的条件，不同的测试环境对同一系统可以得出不同的测试结果，这正说明了测试并不完全是客观的行为，任何一个测试结果都是建立在一定的测试环境之上的。没必要去创建一个尽可能好的测试环境，只需创建一个满足要求的、公正一致的、稳定的、可以明确说明的条件。

测试环境中最需要明确说明的是测试人员的水平，包括专业、计算机水平、经验能力及与被测程序的关系，这些说明还要在评测人员对评测对象做出判断的权值上有所体现。这要求测试机构建立测试人员库，并对他们参与测试的工作业绩不断做出评价。

一般而言，测试用例是指为实施一次测试而向被测系统提供的输入数据、操作或各种环境设置。测试用例控制着系统测试的执行过程，它是对测试大纲中每个测试项目的进一步实例化。

系统测试是保证系统质量和可靠性的关键步骤，是对系统开发过程中的系统分析、系统设计和实施的最后复查。根据测试的概念和目的，在进行信息系统测试时，应遵循以下基本原则：

①应尽早并不断地进行测试。测试不是在应用系统开发完之后才进行的。

由于原始问题的复杂性、开发各阶段的多样性及参加人员之间的协调等元素,使得开发各个阶段都有可能出现错误。

因此,测试应贯穿在开发的各个阶段,尽早纠正错误,消除隐患。

②测试工作应该避免由原开发软件的人或小组承担。

一方面,开发人员往往不愿承认自己的工作,总认为自己开发的软件没有错误。

另一方面,开发人员的错误很难由本人测试出来,很容易根据自己编程习惯来制定测试思路,具有局限性。

测试工作应由专门人员进行,这样做会更客观、更有效。

③设计测试方案的时候,不仅要确定输入数据,而且要根据系统功能确定预期的输出结果,将实际输出结果与预期结果相比较,就能发现测试对象是否正确。

④在设计测试用例时,不仅要设计有效合理的输入条件,还要包含不合理的、失效的输入条件。

测试的时候,人们往往习惯按照合理的、正常的情况进行测试,而忽略了对异常的、不合理的、意想不到的情况进行测试,而这些可能就是隐患。

⑤在测试程序时,不仅要检查程序是否做了该做的事,还要检验程序是否做了不该做的事。多余的工作会带来副作用,影响程序的效率,有时会带来潜在的危害或错误。

⑥严格按照测试计划进行,避免测试的随意性。

测试计划应包括:测试内容、进度安排、人员安排、测试环境、测试工具和测试资料等。严格地按照测试计划、认证进度,使各方面都得以协调进行。

⑦妥善保存测试计划、测试用例,将其作为软件文档的组成部分,为维护提供方便。

⑧测试用例都是精心设计出来的,可以为重新测试或追加测试提供方便,在原有基础上修改,然后进行测试。

7.4　项目实施

NUnit 是一个单元测试框架,是专门针对 .NET 来写的测试工具。NUnit 是 xUnit 家族中的第 4 个主打产品,完全由 C#语言编写,并且编写时充分利用了许多 .NET 特性,如反射、客户属性等。最重要的一点是它适用于所有 .NET 语言。

在 NUnit 面板中可以看到测试的进度条(也成为状态条)。这里会有三种不同的信号:绿色表示所有的测试用例都通过;红色表示测试用例中有失败;黄色表示有些测试用例忽略,但测试过的没有失败。在进度条的上方有一些统计信息,它们所表示的意义如下:

①Test Cases:表示加载的所有测试用例的个数。

②Tests Run:表示已经运行的测试用例的个数。

③Failures:表示到目前为止运行失败的测试用例的个数。

④Ignored:表示忽略的测试用例的个数。

⑤Run Time:表示运行所有测试用例所花费的时间。

⑥NUnit 框架是基于 Attribute 的,它与 VSTS(Visual Studio Team System)是一致的,但它们

之间所使用的 Attribute 并不相同。

编写一个简单的 NUnit 测试示例,如下面这样一段代码:

```
Public class Calculator
{
      Public int Add(int a,int b)
      {
            Return a + b;
      }
}
```

对 Add 方法编写单元测试。在开始之前,需要添加对 NUnit. Framework 的引用,NUnit 中用到的 Attribute 都定义在该程序集中,在 CalculatorTest 中引入命名空间。代码如下:

```
using UNnit.Framework;
```

编写测试类,在 NUnit 中,每个测试类必须加上 TestFixture 特性,代码如下:

```
[TestFixture]
public class CalcaulatorTest
{
}
```

编写 TestAdd 测试函数,NUnit 中每个测试函数都需要加上 Test 特性,如下代码中添加了两个断言:一是假设创建的对象不为空,二是测试 Add 方法是否返回预期的结果。

```
[Test]
public void TestAdd()
{
      Calculator cal = new Calculator();
      Assert.IsNotNull(cal);
      int expectedResult = 5;
      int actualResult = cal.Add(2,3);
      Assert.AreEqual(expectedResult,actualResult);
}
```

至此,一个完整的测试用例编写完成。使用 NUnit 可视化工具打开该程序集后,单击“Run”按钮,全是绿灯,表示测试通过。

7.5 本项目实施过程中可能出现的问题

在本项目的实施过程中,就是要去发现系统中存在的问题,尽量挑选全面的测试用例进行软件测试,这样才可以保证系统在运行时出现错误的概率较小。

7.6 后续项目

系统测试结束之后，管理系统已经开发完成并运行成功，可以发布学生成绩管理系统或者生成安装包了。

子项目 8
学生成绩管理系统应用部署

8.1 项目任务

本项目需要完成以下任务:

学生成绩管理系统的部署安装包

具体任务指标如下:

对学生成绩管理系统生成安装包

8.2 项目的提出

学生成绩管理系统开发完成后,可以生成该系统的部署安装包,将生成文件应用到其他客户机上,并搭建服务器,在局域网内部进行操作。

8.3 实施项目的预备知识

预备知识的重点内容:

1. 理解 Windows Installer 的功能
2. 掌握部署工程的建立过程
3. 掌握使用安装项目编辑器的方法
4. 理解部署项目的属性含义

关键术语:

源程序:source code,是指未编译的按照一定的程序设计语言规范书写的文本文件。源代码(也称源程序),是指一系列人类可读的计算机语言指令。在现代程序语言中,源代码可以以书籍或者磁带的形式出现,但最为常用的格式是文本文件,这种典型格式的目的是编译出计算机程序。计算机源代码的最终目的是将人类可读的文本翻译成计算机可以执行的二进制指令。这个过程叫作编译,通过编译器完成。

同步：指两个或两个以上随时间变化的量在变化过程中保持一定的相对关系。

预编译：又称为预处理，是做些代码文本的替换工作。处理#开头的指令，比如#include 包含的文件代码、#define 宏定义的替换、条件编译等，就是为编译做的预备工作的阶段，主要处理#开始的预编译指令。

预编译指令：指示了在程序正式编译前就由编译器进行的操作，可以放在程序中的任何位置。

预备知识的内容结构：

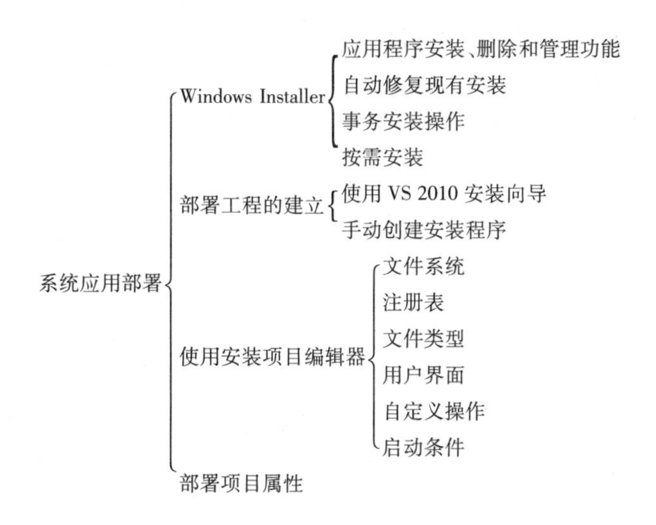

预备知识：

部署是把开发完成的应用程序或者网站安装到目标系统上，并设置相应的环境使应用程序在目标系统可以正常运行的过程。比较常见的是安装程序，比如安装 Windows、安装 Office 的过程，就是一个部署的过程。

VS 2010 提供了几种应用程序安装部署的项目类型，在 VS 2010 中选择“文件”→“新建”→“项目”，从项目类型窗口中选择“其他项目类型”，在展开的列表中选择“安装和部署”，从右边的模板列表中可以看到 VS 2010 中可供创建的安装类型，如图 8.1 所示。

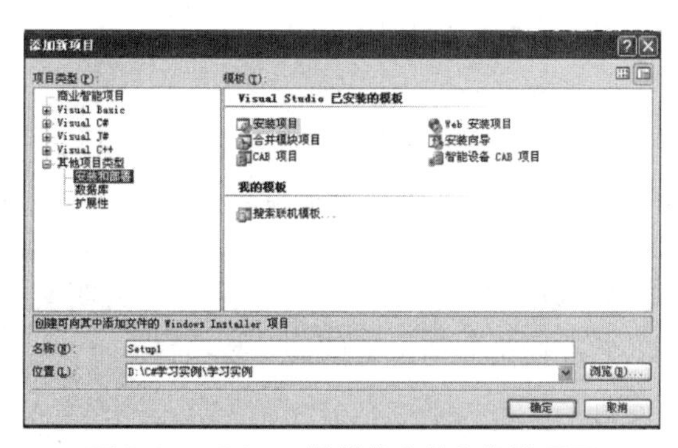

图 8.1　VS 2010 提供的安装和部署项目

图 8.1 中，可以看到 VS 2010 提供了六种安装项目类型：

①安装项目:为基于 Windows 的应用程序生成安装程序。

②合并模块项目:将可能由多个应用程序共享的组件打包。

③Web 安装项目:为 Web 应用程序生成安装程序。

④CAB 项目:创建压缩文件以下载到旧式 Web 浏览器。

⑤智能设备:创建用于部署设备应用程序的 CAB 项目。

⑥安装向导:借助于向导的帮助来创建 Windows Installer 或者是 Web Installer 项目。

除了这些安装项目类型外,. NET 还提供了 XCopy 部署安装。XCopy 适用于部署的客户端数量较少的情形,如果有成百上千个用户需要部署,可以使用 . NET 提供的 ClickOnce,也可以使用上面的安装项目类型来创建安装项目。

ClickOnce 部署又称为无接触部署,通过单击 Web 页面中的一个安装链接来安装应用程序,不需要客户端系统上的管理权限就可以将程序安装在用户特定目录中。

. NET 与 Windows Installer 紧密集成,使用 VS 2010 的创建安装项目,不需要使用第三方的安装工具,就可以创建出专业的安装程序。

8. 3. 1　Windows Installer 介绍

Windows Installer 是微软公司推出的安装管理工具,自 Windows 2000 以来,这个工具就作为操作系统的组成部分。Windows Installer 提供了应用程序安装、删除和管理的功能,除此之外,使用 Windows Installer 还可以自动修复现有安装、进行事务安装操作及按需安装。

Windows Installer 基于数据驱动模型,这种模型在一个软件包中提供所有的安装数据和指令。因此,只需要使用一个扩展名为 . MSI 的文件,就可以部署应用程序,还可以将最终的安装程序文件在传统的媒体上发布,如 CS - ROM、DVD - ROM,还可以放在网络驱动器上,以通过网络安装。

当打开一个 . MSI 类型的文件时,将打开这个程序的 Windows Installer。如果应用程序还没有被安装,将打开一组安装对话框;如果应用程序已经被安装,将会提示添加、删除或者修复。

还可以右击 . MSI 类型的文件,在弹出的菜单中可以看到“安装”“修复”“卸载”三个菜单项,单击其中一项打开 Windows Installer。

VS 2010 中紧密集成了 Windows Installer,通过添加一个或多个安装项目来创建应用程序安装包。可以创建 . MSI 类型的安装应用程序。

8. 3. 2　部署工程的建立

在本章开头,介绍 VS 2010 提供了 6 种安装项目类型,可以通过选择任何一种来建立一个安装项目。通常在部署工程建立前,对将要安装的项目进行良好的部署规划。例如,收集资料、确定目标平台、为安装项目设置公司 Logo 及安装项目的说明文字等。本节首先介绍 VS 2010 提供的安装向导功能,然后讨论如何手工创建安装项目。

1. 使用 VS 2010 安装向导

VS 2010 提供了安装程序创建向导,使用户更容易地创建安装包。下面演示使用向导的方式。

①在 VS 2010 中选择“文件”→“新建”→“项目”，从项目类型窗口中选择“其他项目类型”，在展开的列表中选择“安装和部署”，从右边的模板列表中选择“安装向导”，命名为：ExampleInstaller，单击“确定”按钮，将弹出一个“欢迎使用安装项目向导”的窗口。单击“下一步”按钮继续。

②在图 8.2 所示的窗口中，选择“为 Windows 应用程序创建一个安装程序”，单击“下一步”按钮。

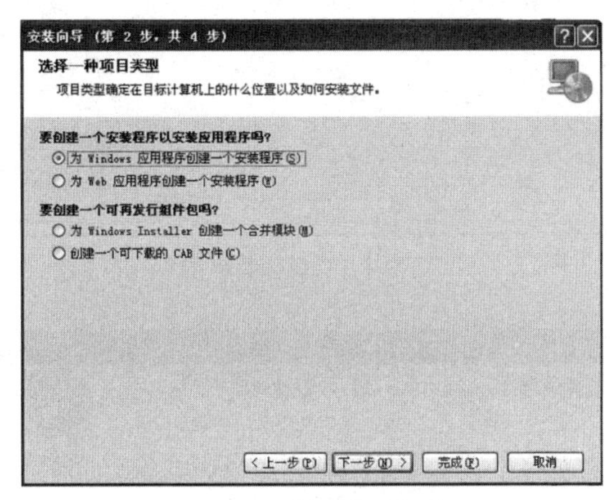

图 8.2　选择项目类型

③在“选择要包括的文件”窗口中，选择想要添加项目的所有文件，如图 8.3 所示。

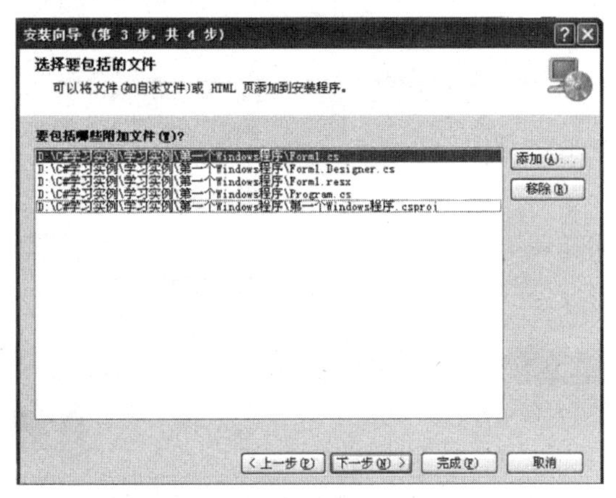

图 8.3　选择要加入的项目文件

④选择好文件后，单击“下一步”按钮，会显示一个安装信息概要窗口，如图 8.4 所示。

⑤单击“完成”按钮关闭安装向导，VS 2010 将打开安装项目视图，单击主菜单中的“生成”→“生成 ExampleInstaller”菜单项，则完成了安装程序的创建。

用户可以到安装项目文件夹的 Debug 子文件夹中找到两个文件，一个是 ExampleInstaller.msi 文件，一个则是比较常见的 setup.exe 文件。双击其中任何一个文件，都将打开 ExampleInstaller 安装向导，如图 8.5 所示。

单击“下一步”按钮，会让用户选择项目的安装位置，如图 8.6 所示，单击“下一步”按钮进行安装。

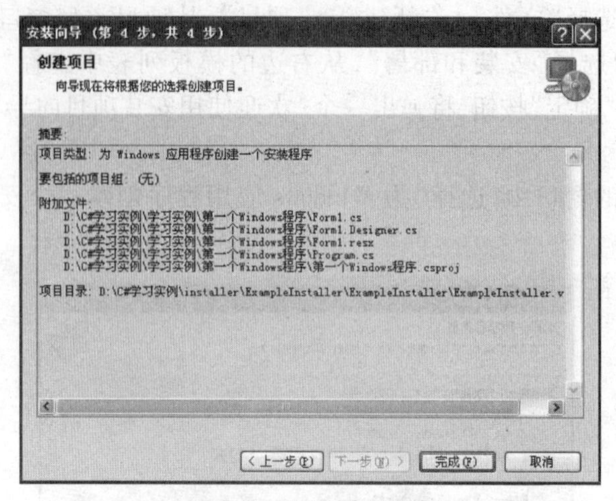

图 8.4　安装项目概要

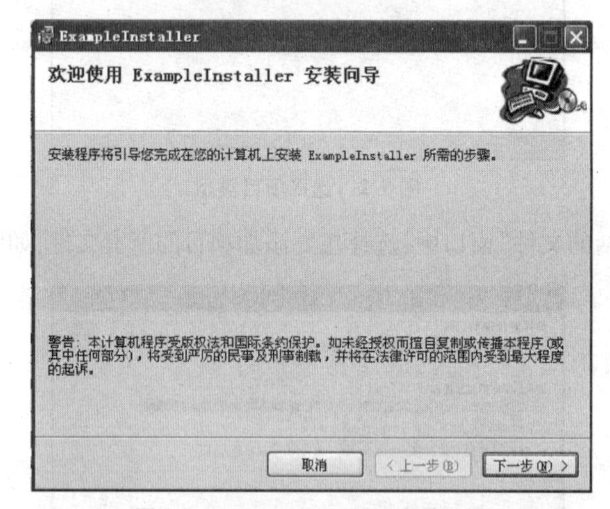

图 8.5　ExampleInstaller 安装向导

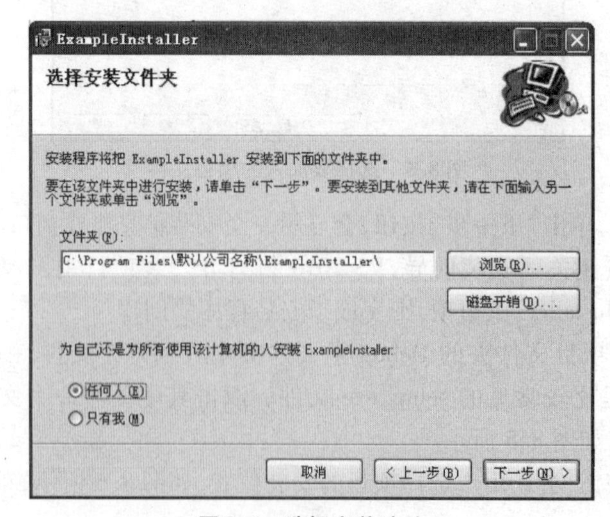

图 8.6　选择安装地址

单击“下一步”按钮，将进行文件的复制操作，操作结束后，单击“完成”按钮关闭窗口。

2. 手动创建安装程序

使用向导虽然很方便，但手动创建安装程序则具有较大的灵活性，也可以先使用向导进行基本设置，在设置完成后继续手工进行编辑。下面为一个网站手动创建一个安装程序。

①在 VS 2010 中选择“文件”→“新建”→“项目”菜单命令，从项目类型窗口中选择“其他项目类型”，在展开的列表中选择“安装和部署”，在右边的模板窗口中选择“Web 安装项目”，为安装项目命名为“Web 项目”。单击“确定”按钮，VS 2010 将进入如图 8.7 所示的窗口。

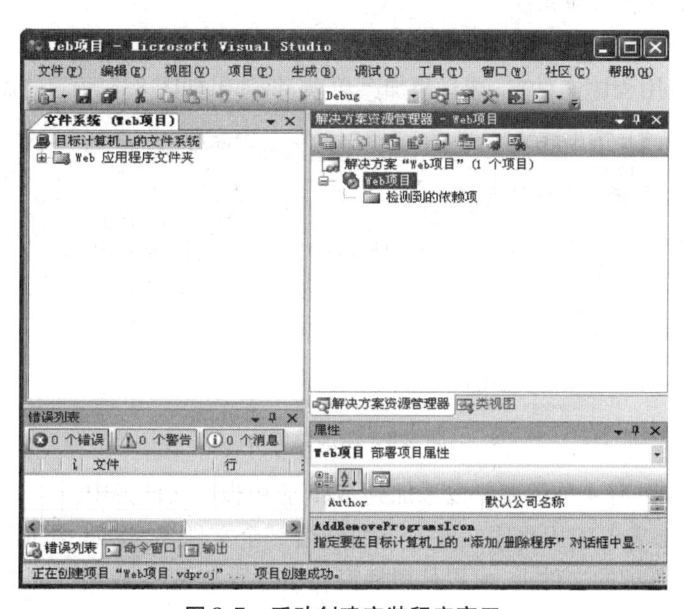

图 8.7　手动创建安装程序窗口

图中左边的“目标计算机上的文件系统”，是指将项目输出和其他文件添加到部署项目中，并且指定目标计算机上安装文件的位置，在目标计算机上创建快捷方式。如果右击该节点，可以为安装项目添加预定义的或自定义的文件夹。

指定这些文件夹不需要知道目标系统上的操作系统的安装位置，安装程序会自动根据系统信息定位到相应的文件夹。

菜单中的很多文件夹都是针对 Windows 安装项目的，也可以为 Web 项目添加 Web 自定义文件夹。

Web 应用程序文件夹一般可以看作要部署的网站的文件夹路径。通过将网站下面的所有子文件夹和文件添加到这个文件夹中进行部署。

如果选中 Web 应用程序文件夹，在属性窗口中会显示出与这个文件夹相关的很多属性，大多数属性都用于设置 IIS 服务器中的相关特性，可以在部署结束后从 IIS 中查看这些设置。

AllowDirectoryBrowsing：是否允许目录浏览。

AllowReadAccess：是否允许只读访问。

AllowScriptSourceAccess：是否允许写入访问。

AllowWriteAccess：是否允许写入访问。

ApplicationProtection：应用程序的保护级别。

AppMappings：添加应用程序映射。

Confition：指定必须满足 Windows Installer 条件，比如针对不同的操作系统条件。

DefaultDocument：指定网站安装后的默认文档，通常是 Default. aspx，也可以指定 Index. aspx。

ExecutePermissions：设定选定文件夹的执行许可权限。

Index：设定索引此资源的属性。

IsApplication：是否为选定文件夹创建应用程序。

LogVisits：使用日志访问属性。

VirtualDirectory：指定将在 IIS 中创建的虚拟目录的名称。

②右击 Web 应用程序文件夹，选择添加菜单项，将弹出如图 8.8 所示的添加菜单。

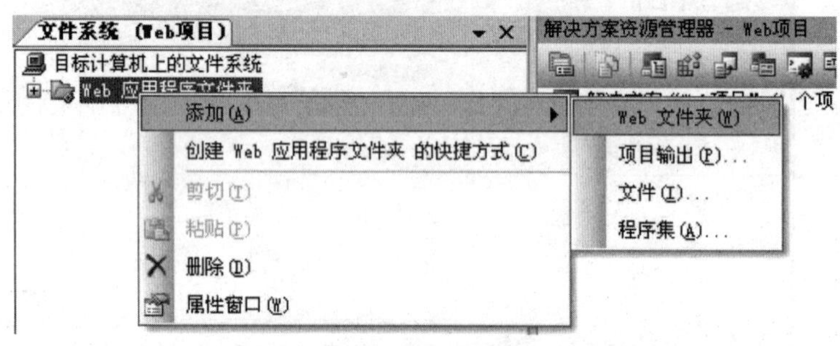

图 8.8　添加菜单项

在图中，可以看到有 4 种类型可以添加到 Web 应用程序文件夹中。

Web 文件夹：在 Web 应用程序文件夹下面新增一个文件夹，比如，添加一个 App_Data 文件夹。单击这个新添加的文件夹，可以从属性窗口中设置与 Web 应用程序文件夹类似的部分属性。

Web 应用程序文件夹类似于网站根目录，而 Web 文件夹则可以看作是网站子目录。

项目输出：项目输出包含必须添加到部署项目中的 Web 或 Windows 应用程序文件。可以选择添加以下一种或多种项目输出。

"主输出"选项将添加已经由 Web 或 Windows 应用程序生成的所有 . dll 和 . exe 文件。

"内容文件"选择则添加 Web 应用程序中创建的 Web. config、Global. asax 和所有 Web 窗体(. aspx 页)，或是 Windows 应用程序中的 App. ico。

注意：在 VS 2010 中，网站结构已经修改，以排除 . dll 和 . exe 文件。因此，没有要添加到网站的主输出。

文件：需要添加到相应文件夹中的文件。

程序集：添加托管或非托管程序集到应用程序的安装软件包中，加入应用程序使用了第三方程序集，则可以添加到程序集到项目中。

在本例中，将"第一个 Web 程序"网站中的所有文件添加到 Web 应用程序文件夹中。

③为了防止目标系统没有安装 . NET Framework，可以添加系统必备特性，让目标系统自动安装相应的必备软件。

右击"解决方案资源管理器"中的安装项目名称，选择属性。在弹出的项目属性页中，单击"系统必备"按钮，进入如图 8.9 所示的对话框。

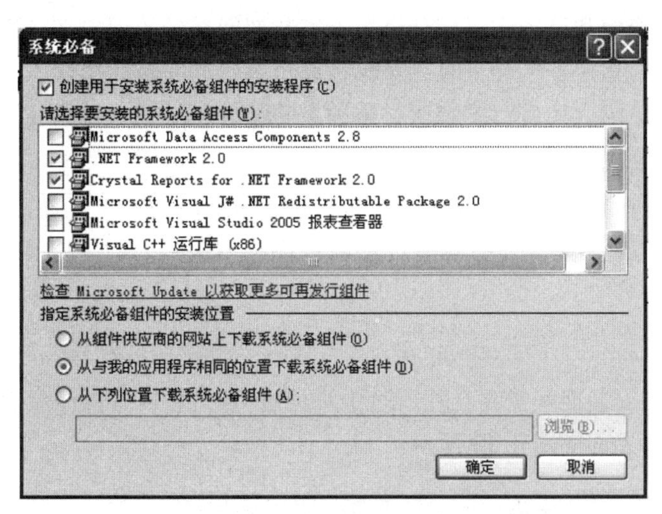

图 8.9 系统必备对话框

从图中可以发现,VS 2010 提供了.NET 应用程序可能需要的一些组件,比如.NET Framework 2.0、Crystal Report for. NET Framework 2.0 等。本示例为了演示,点选了这两项。在指定系统必备的安装位置中,本示例选择了"从与我的应用程序相同的位置下载系统必备组件",单击"确定"按钮关闭窗口。

图 8.10 必备项自动复制到安装项目文件夹

试着生成安装程序,然后进入安装项目所在文件夹,打开 debug 子文件夹,会看到 VS 2010 自动为安装项目复制了两个系统必备组件,如图 8.10 所示。

8.3.3 使用安装项目编辑器

VS 2010 提供了 6 种类型的安装项目编辑器,在打开的安装项目中,单击主菜单的"视图"→"编辑器"菜单,会看到这 6 种类型的编辑器菜单项列表,如图 8.11 所示。

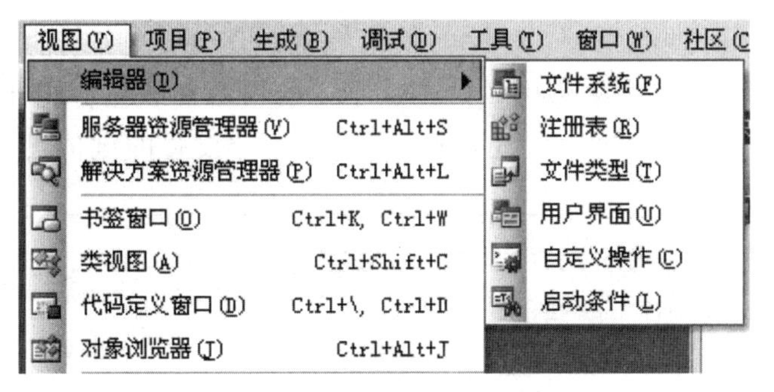

图 8.11 安装项目编辑器

文件系统:可以向部署项目中添加项目输出、文件和其他项,指定在目标计算机上的安装位置。

注册表:可以指定要添加到目标计算机注册表中的注册表项和值。

文件类型:可以在目标计算机上建立文件关联。

用户界面:可以指定和设置在目标计算机上安装期间显示的预定义对话框的属性。

自定义操作:可以指定安装结束时在目标计算机上执行的附加操作。

启动条件:可以指定成功运行安装所必须满足的条件。

1. 文件系统编辑器

在手动创建安装项目时,已经详细讨论过文件系统编辑器。当创建一个安装项目时,VS 2010 默认会打开这个编辑器进行安装文件的添加删除、创建快捷方式、添加程序集和依赖项等操作。

2. 注册表编辑器

如果应用程序在安装期间需要在注册表中添加键值对,可以打开注册表编辑器进行编辑,注册表编辑器的编辑界面如图 8.12 所示。

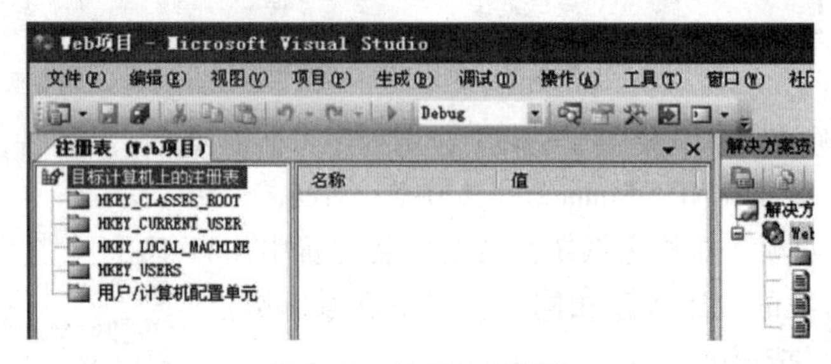

图 8.12 注册表编辑器

默认情况下,“注册表编辑器”显示一组与标准的 Windows 注册表项对应的标准注册表项:HKEY_CLASSES_ROOT、HKEY_CURRENT_USER、HKEY_LOCAL_MACHINE、HKEY_USERS和用户/计算机配置单元。可在任何注册表项或子项下添加自己的项:将字符串值、二进制值或 DWORD 值添加到任何项,或者导入注册表文件。

右击这些注册表中的任一项,选择“新建键”命令,为键输入一个名称。然后选中刚创建的键,右击中间的窗格,选择“添加新键值”命令。VS 2010 提供了可在注册表中创建的四种类型的注册项值。

为了演示使用注册表编辑器,为 Web 项目添加如图 8.13 所示的注册表项。ProjectName 与系统参数都是字符串类型的值。当这个安装项目安装在目标计算机上后,可以打开注册表,进入 HKLM\SOFTWARE\Web,可以看到刚才设置的键值已经成功地加入注册表中了。

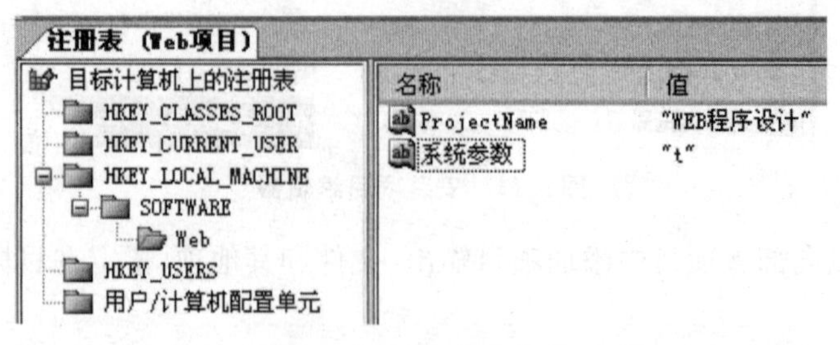

图 8.13 添加注册表项

3. 文件类型编辑器

这个编辑器用于在安装的计算机上建立文件的关联。文件关联是指将文件扩展名与指定的程序关联,并且指定文件类型所允许的操作。

文件类型编辑器被打开后,显示的界面如图8.14所示。右击“目标计算机上的文件类型”节点,单击“添加文件类型”菜单项,在此出于演示的目的,为Web项目添加文件类型,一般文件类型编辑器更适用于Windows安装程序项目。

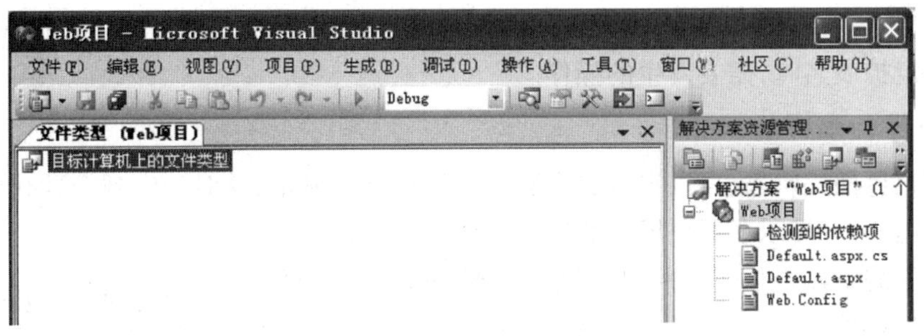

图8.14　文件类型编辑器

VS 2010自动为“目标计算机上的文件类型”添加了2个节点。上层节点表示需要进行文件关联设置的文件类型,单击后会在属性窗口中看到相关的属性,如图8.15所示。

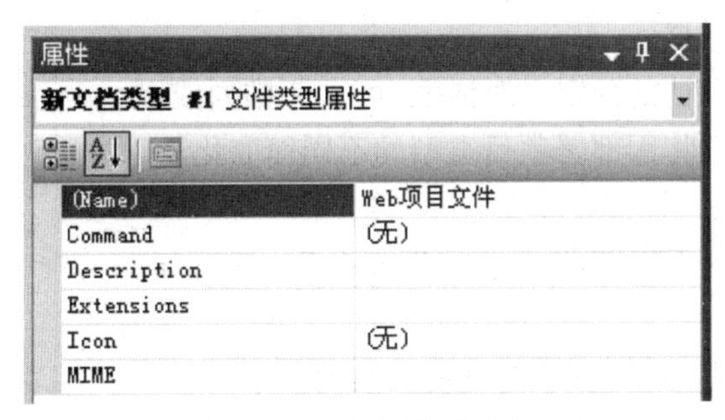

图8.15　文件类型属性

在图8.15中,添加了一个名为Web项目文件的文件类型,在属性窗口中还有其他几个属性:

①Name:指定在“文件类型编辑器”中用于标识选定文件类型的名称,或者用于调用一个谓词的操作的名称。

②Command:指定在选定文件类型上调用一个操作时所启动的可执行文件。

③Description:指定选定文件类型的说明。

④Extensions:指定要与选定文件类型关联的一个或多个文件扩展名。通过用分号分隔扩展名的方法可以指定多个文件扩展名,且不需要在扩展名前加句点。

⑤Icon:指定要为选定文件类型显示的图标。

⑥MIME:指定要与选定文件类型关联的MIME类型。

如果没有为文件类型指定一个命令,即Command属性或者指定文件扩展名,文件类型编辑器窗口将会在该类型的名称底部显示一条波浪线。在生成安装项目时会自动弹出错误警告。

右击文件类型可以创建操作。默认情况下，在新建文件类型时，自动创建 &Open 操作，表示打开文件的操作。单击“&Open”按钮，可以在属性窗口看到如下属性：

①Arguments：指定由所选操作调用的命令的命令行参数。例如，可以向此属性分配一个文件名，以便该操作所调用的程序在启动时打开该文件。

②Verb：指定用于调用某个文件类型的选定操作的谓词，通常使用的谓词包括 open、edit 和 play。

在该操作上右击鼠标，选择“设为默认值”。这个设置是指，当用户在 Windows 资源管理器中双击指定扩展名时，需要发生的操作。

4. 用户界面编辑器

使用用户界面编辑器，可以自定义安装时的用户界面显示，这对于定制个性化的安装项目非常有用。图 8.16 显示了用户界面编辑器窗口。

用户界面编辑器提供了目标计算机上安装期间显示的预定义对话框的属性。

从图中可以看到用户界面编辑器是一个树形控件，它分为两部分：安装和管理员。安装：包含最终用户运行安装程序时显示的对话框。管理员：部分包含系统管理员将安装程序上载到网络位置时显示的对话框。

编辑器中显示一组默认的预定义对话框，可重新排列或删除它们。该组默认对话框将因部署项目类型的不同而变化。

预定义对话框分为以下三类：

①“启动”对话框：用于安装前收集信息或允许用户更改安装目录。

②“进度”对话框：提供有关安装进度的反馈而显示的。

③“结束”对话框：通常用于通知用户安装已完成或允许用户启动该应用程序。

可以通过鼠标拖动，或者通过使用“编辑”菜单上的“剪切”和“粘贴”命令，在类别节点之间移动对话框。

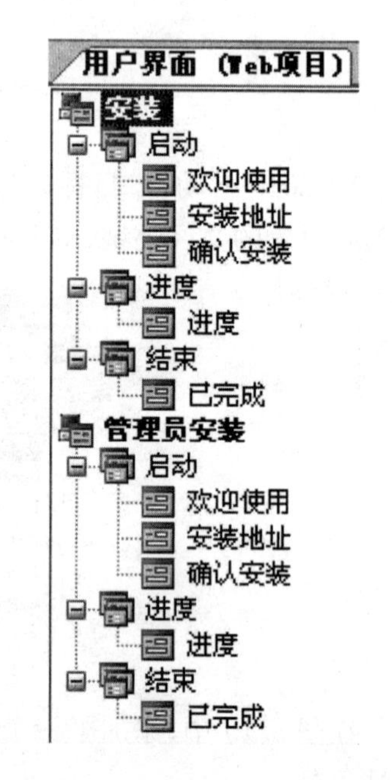

图 8.16 用户界面编辑器窗口

下面为 ExampleInstaller 项目定制安装界面。

①右击安装部分启动节点，选择“添加对话框”，弹出如图 8.17 所示的“添加对话框”窗体。可以看到安装项目提供了很多种定制的安装对话框。本示例选择“启动画面”，单击“确定”按钮。启动画面是指在安装程序开始时，显示出的安装封面。添加对话框时，会将新加入的对话框放到最后面，为此，可以用鼠标拖动或者是右击鼠标，选择“上移”，将启动画面放在第一项。

②单击启动对话框节点，可以在属性对话框中看到两个属性：

SplashBitmap：要在启动封面中显示的位置或者是 jpeg 文件，建议为 480 × 320 像素，如果过大，将会自动被拉伸。

Sunken：确定是否在图像周围显示凹陷边框。

本示例先用绘图软件制作了一幅图片，然后通过文件系统编辑器加入项目中。为启动画面的 SplashBitmap 指定新加入的 jpeg 文件。

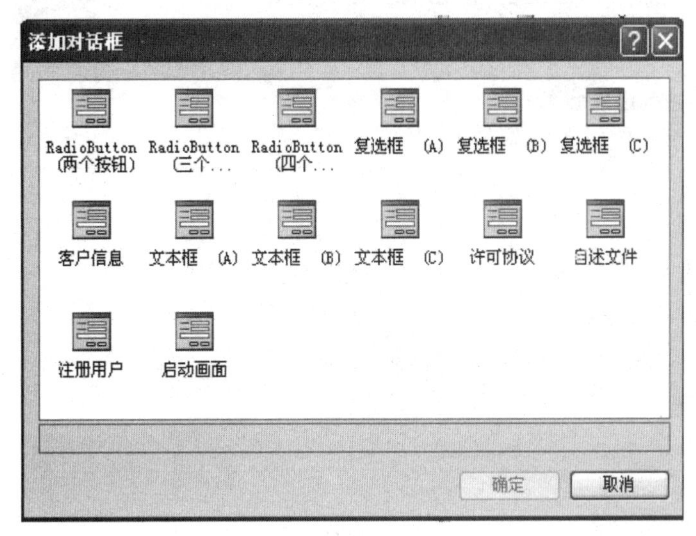

图 8.17 添加对话框窗体

③单击启动画面下面的"欢迎使用"节点，在属性窗口中包括三个属性：

BannerBitmap：对话框顶部显示的标题背景图像，可以为位置或 JPEG 文件。

CopyrightWarning：对话框底部的版权警告文本。

WelcomeText：对话框顶部的欢迎文本。

设置 WelcomeText 属性为："请按照安装提示完成安装！"，运行安装程序，可以看到如图 8.18 和图 8.19 所示的界面。

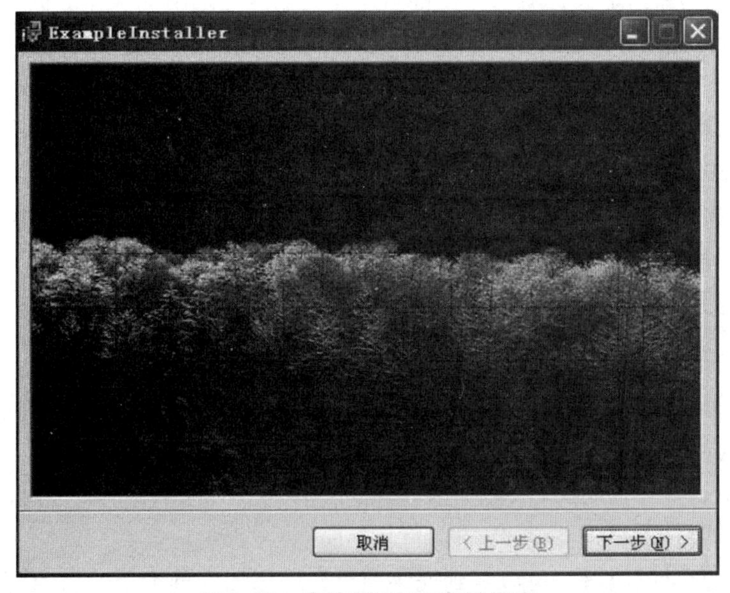

图 8.18 安装项目运行起始界面

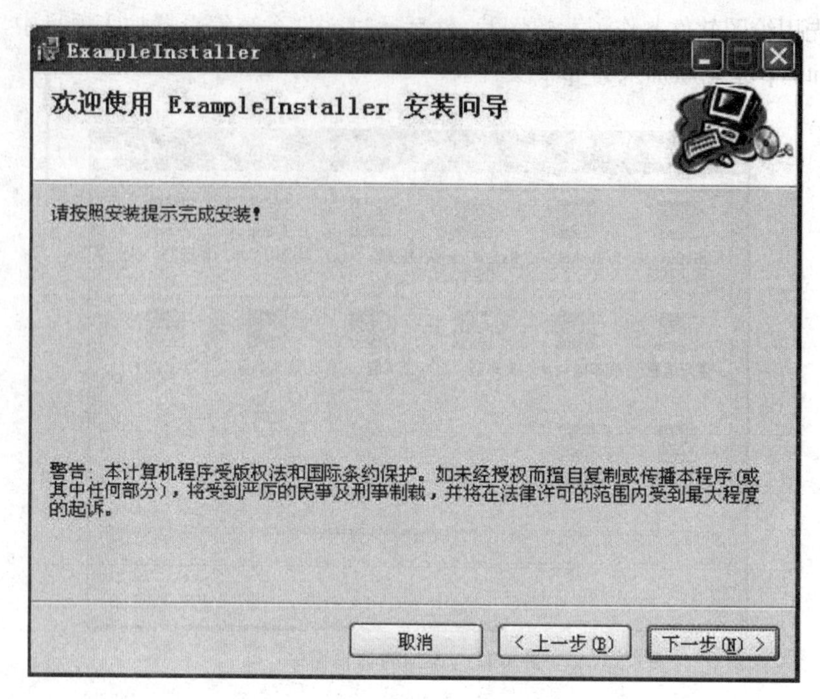

图 8.19　欢迎使用对话框显示界面

使用用户界面编辑器还可以添加自定义对话框，通过使用多种类型的添加对话框窗口，并在属性窗口中对这些窗口的属性进行设置。如果不希望显示用户界面，从“用户界面编辑器”中删除所有对话框。

5. 自定义操作编辑器

自定义操作编辑器指定安装结束时在目标计算机上执行的附加操作。例如，可能希望运行将服务器组件与特定消息队列相关联的程序。自定义操作必须编译为 .dll 或 .exe 文件，或者作为脚本或程序集添加到某个项目中，才能添加到部署项目中。只能在安装结束时运行操作。

该编辑器包含四个文件夹，每个文件夹分别与一个安装阶段对应：“安装”“提交”“回滚”和“卸载”，图 8.20 显示了自定义操作编辑器。

在四个文件夹中，右击鼠标可以定制在安装结束时要进行的操作，也可以在自定义操作节点上右击鼠标，添加自定义操作，这会为每个文件夹添加自定义操作。

可以通过编写安装组件进行自定义操作。

6. 启动条件编辑器

启动条件编辑器可以指定成功运行安装所必须满足的条件。例如，检查特定版本的操作系统。如果用户尝试在不满足条件的系统上安装，安装将不会进行。也可在目标计算机上执行搜索，以确定是否存在特定文件、注册表项或 Microsoft Windows Installer 组件，图 8.21 显示了启动条件编辑器窗口。

右击在图中的目标计算机，可以看到安装项目允许添加五种类型的启动条件：

文件启动条件：可以在目标计算机上搜索特定的文件，然后使用启动条件计算搜索结果。如果搜索未成功，启动条件将显示一个错误信息对话框，安装将终止。

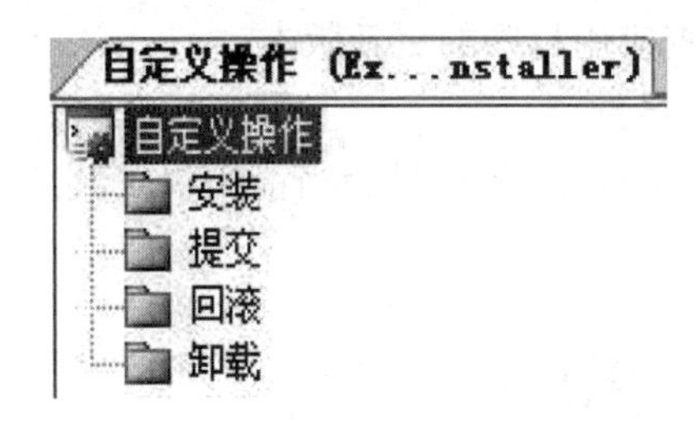

图 8.20 自定义操作编辑器

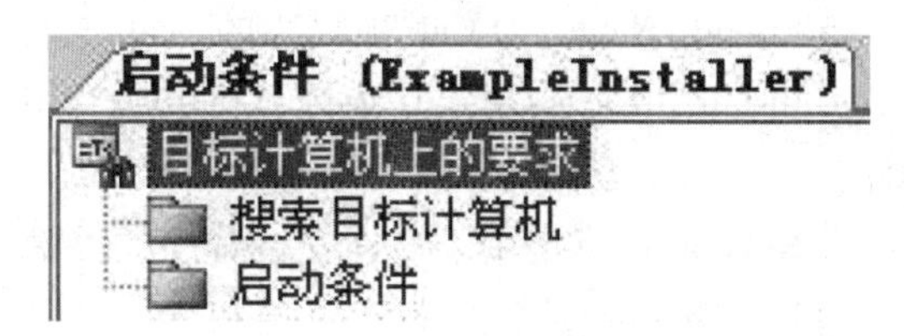

图 8.21 启动条件编辑器

注册表启动条件:确定目标计算机上是否存在注册表项,并在注册表项不存在时,回滚安装。

Windows Installer 启动条件:确定目标计算机上是否存在 Windows Installer 组件,并在该组件不存在时,回滚安装。

. NET Framework 启动条件:确定目标计算机上是否安装了 . NET Framework 运行库文件,并在这些文件未安装时,回滚安装。

8.3.4 部署项目属性介绍

在解决方案资源管理器中单击项目名称,可以从属性窗口中看到很多与部署项目相关的属性,如图 8.22 所示。下面对这些属性进行说明。

图 8.22 部署项目属性

①AddRemoveProgramsIcon:指定要在目标计算机上的"添加/删除程序"对话框中显示的图标。

②Author:指定应用程序或组件的作者的名称。

③Description:指定任意形式的安装程序说明。

④DetectDewerInstalledVersion：指定安装期间是否检查应用程序的更新版本。

⑤FriendlyName：为 Cab 项目中的 .cab 文件指定公共名称。

⑥InstallAllUsers：指定是为计算机的所有用户安装应用程序，还是只为当前用户安装应用程序。

⑦Keywords：指定用于搜索安装程序的关键字。

⑧Localization：指定字符串资源和运行时用户界面的区域设置。

⑨Manufacturer：指定应用程序或组件的制造商名称。

⑩ManufacturerUrl：指定包含有关应用程序或组件制造商信息的网站的 URL。

⑪ModuleSignature：为合并模块指定唯一标识符。

⑫PostBuildEvent：指定在生成部署项目之后执行的命令行。

⑬PreBuildEvent：指定在生成部署项目之前执行的命令行。

⑭ProductCode：为应用程序指定唯一标识符。

⑮ProductName：指定描述应用程序或组件的公共名称。

⑯RemovePreviousVersions：指定安装程序在安装期间是否移除应用程序的早期版本。

⑰RestartWWWService：指定在安装过程中 Internet 信息服务是否停止并重新启动。

⑱RunPostBuildEvent：确定何时运行 PostBuildEvent 属性中指定的命令行。

⑲SearchPath：指定用于搜索开发计算机上的程序集、文件或合并模块的路径。

⑳Subject：指定描述应用程序或组件的其他信息。

㉑SupportPhone：指定用于应用程序或组件的支持信息的电话号码。

㉒SupportUrl：指定包含应用程序或组件支持信息的网站的 URL。

㉓TargetPlatform：指定打包的应用程序或组件的目标平台。

㉔Title：指定安装程序的标题。

㉕UpgradeCode：指定表示应用程序的多个版本的共享标识符。

㉖Version：指定安装程序、合并模块或 .cab 文件的版本号。

㉗WebDependencies：指定选定 CAB 项目的依赖项。

8.4 项目实施

在 VS 2010 的 IDE 中，从“文件”菜单打开“添加新项目”对话框，在“项目类型”中选择“其他项目类型”下的“安装和部署”，然后在“模板”列表中选择“安装向导”，如图 8.23 所示。

输入安装项目的名称、选择好存储路径、输入解决方案名称，单击“确定”按钮即可进入安装项目向导，如图 8.24 所示。

单击“下一步”按钮，进入安装项目向导第二步，选择“为 Windows 应用程序创建一个安装程序”。界面如图 8.25 所示。

单击“下一步”按钮之后，进入安装项目向导第三步的界面，如图 8.26 所示，选择要包括的文件内容，单击“添加”按钮选择要附加的文件内容。

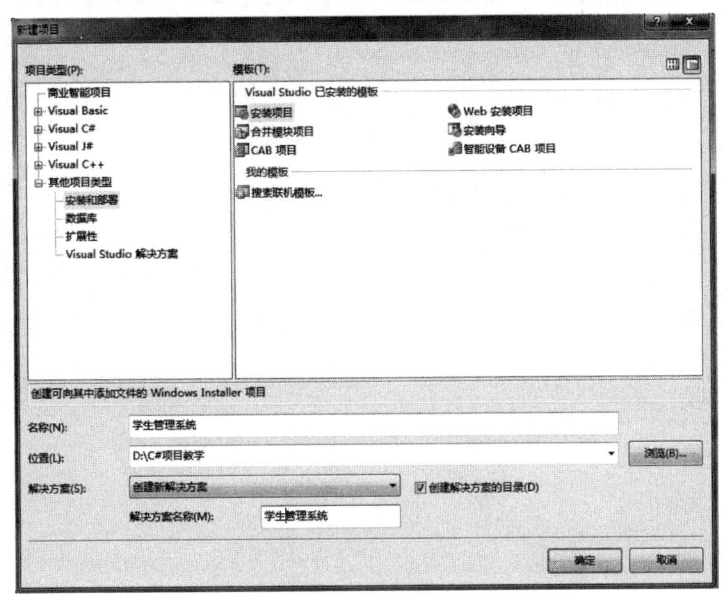

图 8.23　创建安装项目

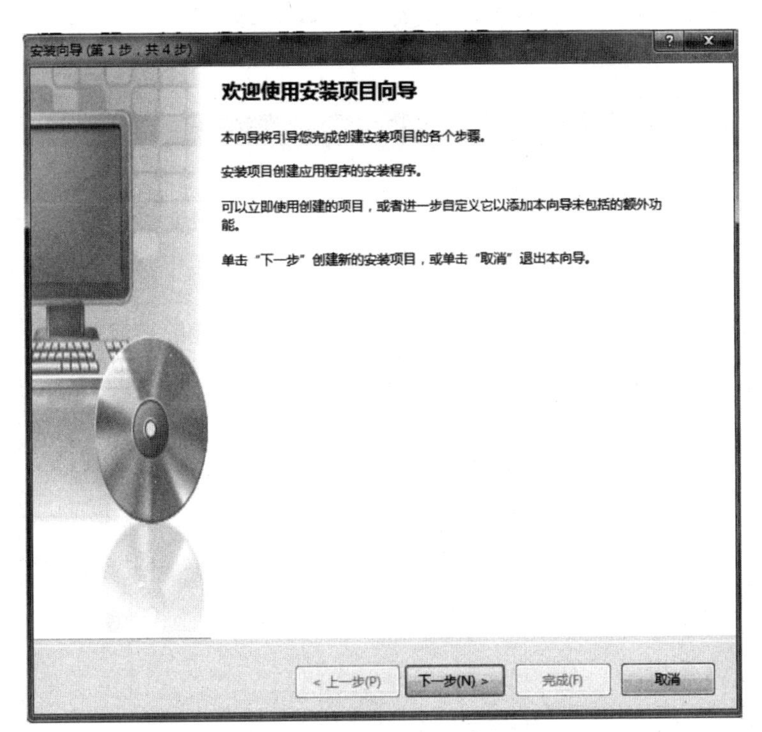

图 8.24　安装项目向导第一步

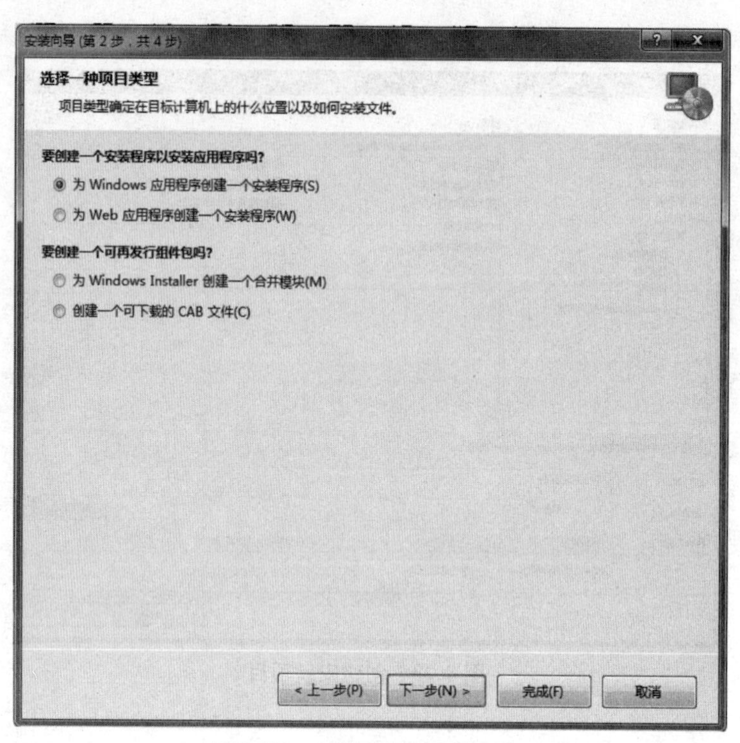

图 8.25　安装项目向导第二步

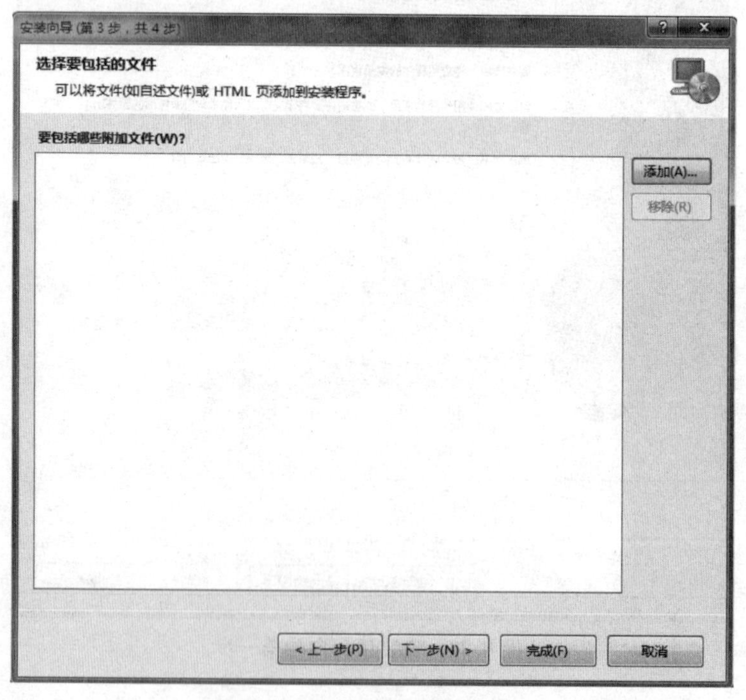

图 8.26　安装项目向导第三步

添加好文件后,单击"下一步"按钮进入安装项目向导第四步,创建项目如图8.27所示。

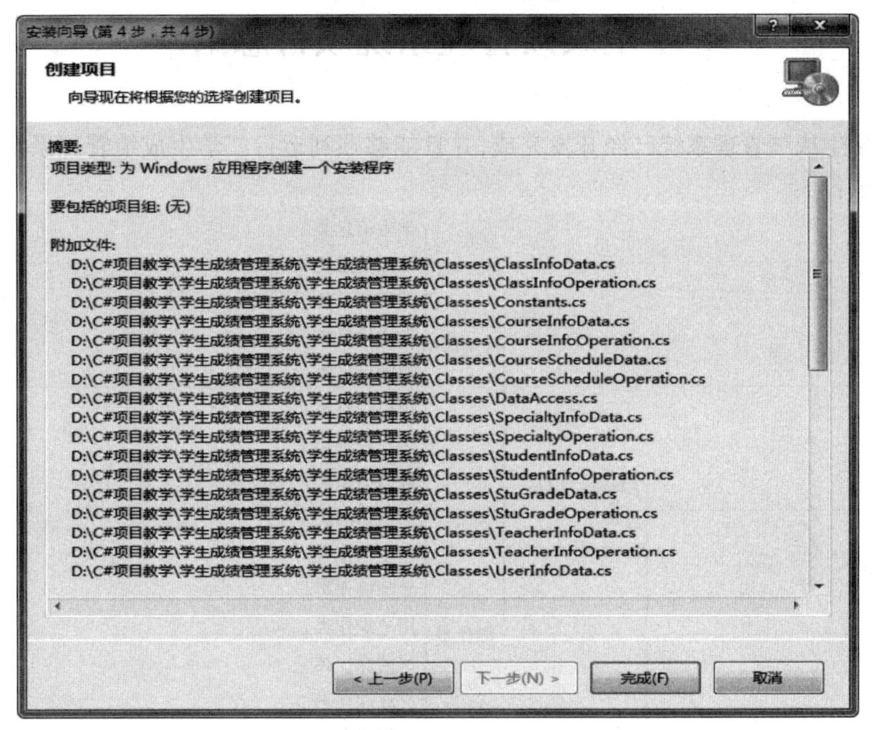

图8.27 安装项目向导第四步

单击"完成"按钮关闭安装向导,VS 2010将打开安装项目视图,单击主菜单中的"生成"→"生成ExampleInstaller"菜单项,则完成了安装程序的创建。

用户可以到安装项目文件夹的Debug子文件夹中找到两个文件,一个是ExampleInstaller.msi,一个则是比较常见的setup.exe文件。双击其中任何一个文件,都将打开ExampleInstaller安装向导。

8.5 本项目实施过程中可能出现的问题

本项目主要是生成学生成绩管理系统的安装包,将已经通过测试的管理系统进行实际应用。在项目实施的过程中,可能会出现的问题是:

1. 安装包的安装设置问题

当生成系统安装包之后,可以在其他客户机上安装,但是需要注意,在安装的时候,客户机上应该已安装了.NET Framework 2.0,以保证管理系统的正常运行。

2. 安装包中的数据库问题

在添加安装包中的项目文件时候,需要注意要把数据库一起添加,否则无法进行数据访问和模块加载。

学生成绩管理系统项目总结

目前学生成绩管理系统已经开发完成，并且能够顺利运行。学生成绩管理系统的项目架构如下所示：

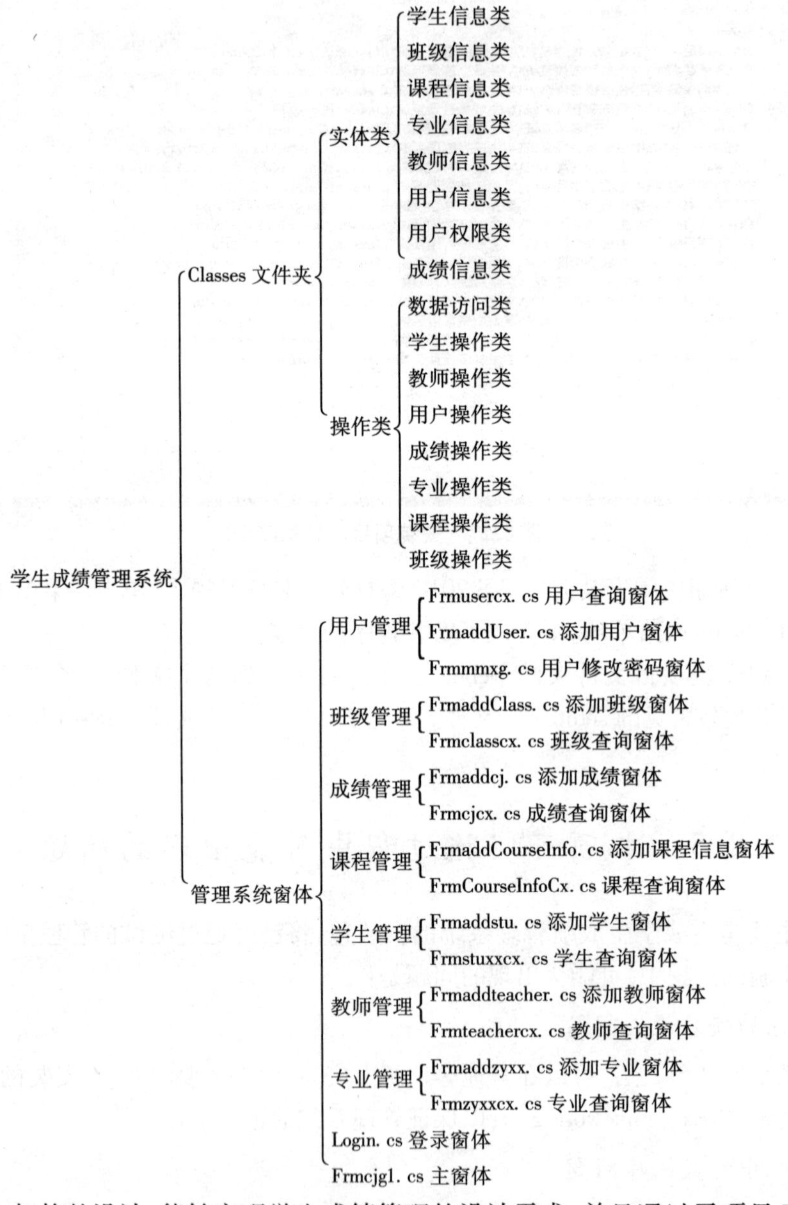

通过以上架构的设计，能够实现学生成绩管理的设计需求，并且通过子项目 7 对系统进行了软件测试，最终通过子项目 8 生成管理系统的安装包，能够正常地运行实施。

参 考 文 献

[1]杨玥. C#程序设计(项目教学版)[M]. 北京:清华大学出版社,2013.
[2]杨玥,汤秋艳,梁爽. Web 程序设计:ASP. NET[M]. 北京:清华大学出版社,2011.
[3]李莹,吴晓艳. 基于 C#的 Windows 应用程序开发实验与实践教程[M]. 北京:清华大学出版社,2010.
[4]龚自霞,高群. C#. NET 课程设计指导[M]. 北京:北京大学出版社,2008.
[5]黄兴荣,李昌领,李继良. C#程序设计实用教程[M]. 北京:清华大学出版社,2009.
[6]明日科技. C#开发技术大全[M]. 北京:人民邮电出版社,2011.
[7]陆敏技. 编写高质量代码　改善 C#程序的 157 个建议[M]. 北京:机械工业出版社,2011.
[8]王小科,王军. C#开发实战 1200 例[M]. 北京:清华大学出版社,2011.
[9]郑千忠,邓德华. C#编程网络大讲堂[M]. 北京:清华大学出版社,2011.
[10]蔺华,唐菁,王宇灵. C#面向对象程序设计与框架[M]. 北京:电子工业出版社,2011.
[11]明日科技,王小科,赵会东,苏素芳. C#学习手册[M]. 北京:电子工业出版社,2011.
[12]王小科,王军,赵会东. C#项目开发案例全程实录[M]. 北京:清华大学出版社,2011.
[13]赵华增. C#程序设计基础教程[M]. 北京:人民邮电出版社,2010.
[14]徐少波. C#程序设计实例教程[M]. 北京:人民邮电出版社,2010.
[15]李德奇. Windows 程序设计案例教程:C#[M]. 大连:大连理工大学出版社,2008.
[16]李建青. C#桌面系统开发案例教程[M]. 北京:机械工业出版社,2010.